Principe de réciprocité

Dans la même collection :

1 - Dominique Temple, *Commun et Réciprocité*

2 - Mireille Chabal, *Réciprocité et Tiers inclus*

3 - Dominique Temple, *Les deux Paroles*

4 - Dominique Temple, *Monnaie de renommée et Réciprocité*

5 - B. Melià & D. Temple, *La réciprocité négative. Les Tupinamba*

6 - D. Temple, *Lévistraussique. La réciprocité et l'origine du sens*

7 - D. Temple, *La réciprocité de vengeance*

8 - Dominique Temple, *Marx aujourd'hui*

9 - D. Temple, *Le contradictoire. Principe structural des Nuer*

10 - D. Temple, « *Un nouveau postulat pour la philosophie* »

11 - D. Temple, *Frédéric Lordon, Marx et Spinoza*

12 - D. Temple, *Le Quiproquo Historique*

13 - D. Temple, *L'économie politique I - L'économie humaine*

14 - D. Temple, *L'économie politique II - Apologie du marché*

15 - D. Temple, *L'économie politique III - La transition post-capitaliste*

16 - D. Temple, "*Idéologie marxiste" et "théorie moderne de la réciprocité". Critique des thèses de Alvaro Garcia Linera* (à paraître)

17 - D. Temple, *Le Droit de la Terre*

18 - D. Temple, *La Rose des peuples*

19 - D. Temple, *Principe de réciprocité*

20 - D. Temple, *La foi vive*

Dominique Temple

Principe de réciprocité

Collection réciprocité

N° 19

ISBN 979-10-97505-18-9

SOMMAIRE

L'actualité de la réciprocité

Tous les jours nous recevons autrui, l'invitons à partager des vivres, lui offrons l'hospitalité ou notre protection…, de façon privée ou collective (couverture médicale universelle, allocations familiales, retraites, assurances sociales, revenu universel). Plus de la moitié de notre activité productrice est destinée à cette réciprocité sans que nous le sachions car nous interprétons tout selon le paradigme dominant de l'échange.

Nous essayons de vivre socialement et nous nous inquiétons de la destruction du *lien social* sans savoir ce qu'est le *lien social,* un mot vague qui recouvre en fait les valeurs produites par les différentes structures de réciprocité en jeu : les sentiments de responsabilité, de liberté, de justice, de confiance. Lorsque ces structures sont brisées, nous sommes conscients que le *lien social* se défait ; et les uns fuient dans la nature, les autres dans l'ecstasy, les autres dans la religiosité, et d'autres dans ce qu'ils appellent des économies alternatives, parallèles, souterraines, etc., toutes pré-capitalistes. Mais ce retrait permet de retrouver autrui dans la fraternité, la solidarité, l'amitié – sans savoir non plus quel est le secret de la genèse de tels sentiments. Le paradigme de l'échange nous aveugle encore et nous impose sa loi. On parle d'échanges, d'échanges de savoirs ou de compétences qui témoignent de nos « intérêts réciproques » ; or, la réciprocité des intérêts, c'est le libre-échange, c'est-à-dire le contraire de la réciprocité de bienveillance qui a pour souci la nécessité d'autrui. La confusion conduit toujours à la même impasse, et la désillusion s'accroît. Aussi faut-il réfléchir et se demander ce que l'on veut : quelles valeurs, la valeur d'échange ou les valeurs éthiques de justice, de responsabilité, de confiance ?

Nous répondons le plus souvent : « d'abord la liberté ! ». C'est la première valeur que propose la Révolution française. Et ensuite, « l'égalité » (Octobre !). Or, toutes les structures de réciprocité sont génératrices de la liberté car toutes mettent fin aux déterminismes de la nature. Mais ici il faut entendre par « liberté » la répudiation de toute sujétion, la sujétion à l'honneur, au prestige et au sacré. Personne de sensé aujourd'hui ne voudrait revenir en effet au temps de Charles-Quint. Et notre liberté est aussi de pouvoir être juste ou injuste. Depuis longtemps, les libéraux se demandent donc comment concilier la liberté et l'égalité, comment concilier la liberté et la justice ? John Rawls[1], champion du libéralisme contemporain, concède que l'individu rationnel ne peut pas atteindre au principe de justice par lui seul. Il lui faut être « raisonnable » ou vivre en réciprocité avec autrui pour acquérir ce que Charles Taylor[2] décrit comme des *capacités qui ne peuvent apparaître que de la participation de chacun à une communauté*. Or, la communauté

---

[1] John Rawls, *Théorie de la justice,* Paris, Seuil, 1987 ; lire aussi *Justice et démocratie,* Paris, Seuil, 1993.

[2] Charles Taylor, *Les sources du Moi. La formation de l'identité moderne,* Paris, Seuil, 1998. Lire aussi *La liberté des modernes,* Paris, PUF, 1997.

universelle, qui s'affranchit donc de toutes limites pratiques ou imaginaires, se construit par la réciprocité généralisée du *marché* de réciprocité[3], ou encore par la réciprocité centralisée de la *redistribution* sous la tutelle de l'État.

La réciprocité centralisée, dite de *redistribution,* promeut l'*égalité* et la *confiance* dans l'État, mais pas la *responsabilité individuelle.* La réciprocité généralisée, dite de *marché,* seule promeut la *responsabilité individuelle*, et l'*égalité* est alors relative à la *liberté.* La difficulté naît de ce que *marché* et *redistribution* sont exclusifs l'un de l'autre : ils doivent être séparés par une interface. Où passe l'interface entre le commun et la liberté individuelle, entre l'égalité et la responsabilité[4] ? La méconnaissance des matrices des valeurs fondamentales et de leur exclusion mutuelle est l'écueil sur lequel s'est brisée l'économie communiste.

Comment résoudre ces difficultés sinon en maîtrisant les structures de production des valeurs humaines ? Et cela ne suffit pas puisque l'imaginaire s'empare de ces valeurs et les asservit. Il faut donc ajouter à la reconnaissance des *formes* et *structures* de réciprocité la prise en compte des différents *niveaux* du réel, de l'imaginaire et du symbolique où elles se manifestent.

Nous proposons dans cet essai de réfléchir sur les fondements du principe de réciprocité, puis de décrire les formes, les structures et les différents niveaux de son actualisation.

---

[3] Cf. D. Temple, *L'économie politique*, vol. I - *L'économie humaine* ; vol. II - *Apologie du marché* ; vol. III - *La transition post-capitaliste*, collection *réciprocité,* n° 13, n° 14 et n° 15, 2018.

[4] D. Temple, *Commun et réciprocité,* coll. *réciprocité,* n° 1, 2017.

LE PRINCIPE DE RÉCIPROCITÉ

- 1 -

Le *fondement* et ses implications dialectiques

Nous avons coutume d'appeler *différence* la caractéristique de l'un ou de l'autre des deux pôles opposés d'un même événement, que la philosophie appelle la *Différence* pour l'opposer à son contraire l'*Identité*. D'où la confusion entre la *Différence* et les deux différences dans lesquelles elle se manifeste. Nous préférons aujourd'hui le terme *Hétérogénéisation* pour dire la *Différence*. Sa définition implique que les deux polarités opposées, les différences, sont liées entre elles par leur *corrélation* quel que soit leur éloignement. Ce type d'opposition est tout autre que celui des *contraires* où l'un exclut que l'autre existe en même temps, par exemple la santé et la maladie ou la vie et la mort. Pour éviter tout équivoque, on se rappellera que si les opposés ne peuvent exister indépendamment l'un de l'autre, comme le haut et le bas d'une échelle, le pôle nord et le pôle sud, l'opposition est *corrélative* et relève de la logique de l'*hétérogénéisation.* Si, au contraire, l'un des opposés ne peut exister que si l'autre cesse d'exister, alors nous sommes en présence de *contraires vrais*, et la relation qui les unit sera dite de *contradiction*.

Observons que l'exclusion mutuelle des contraires est à ce point radicale qu'*un contraire ne peut avoir qu'un contraire,* ce que la philosophie depuis Héraclite a appelé bizarrement l'*identité* ou l'*unité des contraires*. Or, la physique contemporaine a prouvé cette identité des contraires en réalisant leur *réversibilité l'un dans l'autre* : la matérialisation et dématérialisation de l'énergie. Et l'équation d'Einstein : $E = mc^2$ établit la rigoureuse équivalence entre l'énergie et la matière. Autrement dit, lorsque l'énergie s'actualise, elle potentialise sa matérialisation, et si la matière s'actualise, elle potentialise son énergie. Dès lors qu'un contraire s'actualise en potentialisant son contraire, on comprend qu'il est dans la nature de leur origine commune – l'énergie source – d'être *en elle-même contradictoire*, et qu'en s'actualisant chaque contraire développe sa non-contradiction au détriment de cette nature contradictoire.

Hegel[5] soutint que le *fondement* de la nature contient nécessairement en puissance les deux contraires, la vie et la mort, tout comme Aristote, mais de façon dialectique. Aristote définissait la *matière* comme la *puissance* en soi contradictoire, du moment qu'elle peut s'actualiser par ce que nous appelons l'*homogénéisation* de l'univers ou, en sens contraire, par ce que nous appelons l'*hétérogénéisation*, l'organisation de la matière, la vie, l'évolution. Ou encore, ajoutait-il, elle peut se manifester de façon toujours *en elle-même contradictoire* et engendrer l'*esprit*[6].

---

[5] Hegel, *Encyclopédie des Sciences philosophiques* [1817], tome 1 *La science de la logique*, Paris, Vrin, 1970.

[6] Cf. Aristote, *De l'âme*. Lire à ce sujet de Giorgio Agamben, *La communauté qui vient*, Paris, Seuil, 1990, p. 39-43.

Lorsque en philosophie ou en science on parle de cette manifestation du Contradictoire[7], on emploie souvent les termes de *attraction* et de *répulsion simultanées.* Cette façon d'exprimer le Contradictoire en des termes dont chacun est l'inverse de l'autre mais en lui-même non-contradictoire, est utilisée par Kant[8]. D'autres auteurs, comme Bohr[9], réservent le terme de *contradictoire* aux termes opposés par une contradiction, et dès lors, pour dire ce qui est *contradictoire en soi*, ils choisissent de considérer ces deux termes comme *complémentaires.* Ils observeront, par exemple, que l'énergie quantique se manifeste soit de façon continue soit de façon discontinue, et que ces deux termes contradictoires entre eux sont unis par l'esprit qui les pense comme *complémentaires.* Nous emploierons, pour dire ce qui est *en soi contradictoire,* le terme neutre de Tiers.

La distinction du Tiers, de la Différence (que nous appelons *hétérogénéisation)* et de l'Identité (ou *homogénéisation*) a été formulée de façon limpide par Hegel :

> « La proposition du tiers exclu est la proposition de l'entendement déterminé qui veut tenir éloigné de lui la contradiction et, ce faisant, tombe en elle ; car le

---

[7] Nous signalerons le *contradictoire en soi* par une majuscule : le Contradictoire.

[8] Kant, dans la *Critique de la Raison pure*, propose une définition de la réciprocité, qu'il précise sous la *catégorie* de la *Communauté.* Si l'on ne dispose que de la *logique d'identité* pour rendre compte de la *communauté*, il n'est possible de l'appréhender dans son unité contradictoire que comme un système de forces contradictoires entre elles (l'*attraction* et la *répulsion*). Cf. Emmanuel Kant, *Critique de la Raison pure,* Paris, Flammarion, p. 167.

[9] Niels Bohr, *Physique atomique et connaissance humaine,* Paris, Gauthier-Villars, 1972.

> prédicat, précisément en tant qu'il est un opposé, c'est dans le tiers, que lui-même, mais aussi son contraire, est contenu ; A doit être ou + A ou – A ; par là est déjà exprimé le tiers, le A qui n'est ni + ni –, et qui est posé tout aussi bien que +A et – A [10]. »

Hegel introduit aussitôt la *négation* comme principe dialectique pour rendre compte du développement de la nature. Il dit que le *fondement* – qui est en soi contradictoire – peut s'affecter par sa *négation* dont le premier effet est la *Différenciation*, une dynamique donc non-contradictoire qui suffit à poser en face de l'Un l'Autre ; mais aussitôt la *négation de cette négation*, la négation de cette *Différenciation,* produit son contraire : l'*Identité,* qui participe en relativisant la *Différence* à la renaissance du Contradictoire – du Tiers – comme le fondement respectif de l'Un et de l'Autre, et institue l'*Identité* comme contraire de la *Différence.* Autrement dit, le Tiers *différencié* s'actualise à présent sur le mode de l'*identification.*

La *Différence* et l'*Identité* naissent donc comme les deux contraires en lesquels se manifeste le Tiers, mais de façon dialectique grâce à la négation et la négation de la négation, c'est-à-dire la contradiction ; et pour Hegel, la négation de la négation l'emporte sur la négation, l'Identité sur la Différence, de sorte que la dialectique est polarisée par l'Identité. C'est en tout cas de cette façon que l'on présente le plus généralement la dialectique hégélienne. Si l'on symbolise par le chiffre (3) la structure fondamentale du Tiers, par le chiffre (2) la Différenciation, et par le chiffre (1) l'Identité, cette dialectique s'écrit (3-2-1). Le

---

[10] Hegel, *op. cit.*, § 71, p. 220.

Tiers s'actualise dans la Différenciation, puis, selon l'ordre de la dialectique choisi par Hegel, par l'Identité.

Pourquoi Hegel n'a-t-il pas proposé à partir du même *fondement* la dialectique inverse et s'est-il tenu à lire l'évolution de la nature selon l'idée d'une seule dialectique ? À partir du *fondement,* ne peut-on proposer une dialectique dont la première actualisation soit son Identité (3-1) qui se développerait sur le mode de la Différence, donnant naissance à un autre devenir (3-1-2) ?

Hegel dit explicitement qu'il se refuse à la spéculation intellectuelle : ce qu'il veut décrire, c'est le concret, le réel tel qu'il est vécu par l'homme, et, comme Aristote, il pense l'homme comme un animal *politique* (pensant), mais un *animal,* c'est-à-dire *vivant.* Le devenir du *concept* est fléché par la *vie.*

Le choix de Hegel se justifie aisément ! la dialectique de l'intelligence (3-2) est la dialectique de la vie (2) de l'esprit (3). Et son développement exclut le développement des deux autres dialectiques.

Mais la question se pose : la dialectique inverse (3-1) n'aurait-elle aucune réalité ? Et ne peut-on rien dire de la troisième opportunité proposée par la découverte de l'*antagonisme*[11], celle où le *fondement* se développe selon la logique de sa structure contradictoire, soit le Contradictoire du Contradictoire (3-3) ?

Il apparaît aujourd'hui, en effet, que l'*antagonisme* entre les deux dialectiques – le *fondement* de Hegel ou la *puissance* d'Aristote – peut se déployer contradictoirement vis-à-vis de lui-même.

---

[11] Cf. Stéphane Lupasco, *Le principe d'antagonisme et la logique de l'énergie*, Paris, Hermann, 1951 ; rééd. Monaco, Le Rocher, 1987.

Mais revenons à l'*antagonisme*. On peut dire que si l'un des pôles de l'antagonisme est point par point le contraire de l'autre en lequel la contradiction peut le renverser, toute actualisation a comme connaissance, que nous dirons *élémentaire* puisque sans conscience d'elle-même, son contraire. Toute *actualisation* porte en elle *a priori* la *potentialisation* de son contraire comme la nécessité dialectique de celui-ci de s'actualiser à son tour dès lors qu'elle parvient à sa limite. La *contradiction* est révélée par le renversement de l'actualisation de l'un des contraires dans celle de l'autre. Ce renversement n'est cependant sensible que lorsque les deux dynamismes parviennent à la même intensité d'actualisation et de potentialisation, et que le supérieur devient inférieur, autrement dit lorsque la contradiction, qui court comme un curseur du point de la non-contradiction maximum de l'un à celui de l'autre, en vient au milieu de leur antagonisme.

Cependant, aucune actualisation ne saurait être absolue ou définitive car elle abolirait la contradiction et l'antagonisme dont elle procède. Autrement dit, elle ne pourrait se déployer comme temporalité existentielle, ni escompter de rapport vis-à-vis de l'actualisation contraire, rapport qui définit sa spatialité.

Or, la Physique va plus loin : la découverte du vide quantique aux limites de la matière et de l'énergie est la première réintégration du Tiers au sein de la logique de la nature : le Tiers est désormais *inclus*. Ce qu'elle appelle le *vide quantique,* où n'existe plus ni matière ni énergie entre l'actualisation de l'homogénéisation (l'énergie) et l'actualisation de l'hétérogénéisation (les particules de masse élémentaires), est consistant. La physique contemporaine prouve en effet qu'il suffit d'exciter le vide quantique pour que surgissent ondes et particules, qui s'annihilent aussitôt que cesse l'excitation pour retourner au vide, un vide plein ! Si l'on peut extraire du « rien » matière et énergie, celles-ci retournent spontanément au « rien » : 3 → 2 + 1 → 3.

Cela est décisif, il n'y a plus aucune raison pour dire que le fondement est seulement la source de l'actualisation d'une dynamique (l'Homogénéisation) ou de l'autre (l'Hétérogénéisation), ou de l'une et l'autre (l'Antagonisme). Un tel *a priori* obérerait en effet la naissance du Contradictoire. Le *fondement* paraissait à Hegel comme la source des contraires et des dialectiques de l'univers, mais il peut naître de leur *relativisation.* Pour que l'idée d'une auto-création de la nature proposée par la philosophie antique soit complète, il fallait que la *puissance* puisse aussi se produire à partir des *contraires.* C'est désormais chose faite.

Notons que la notion d'*antagonisme* est différente de celle de *contradiction* puisque la contradiction suffit à décrire une dialectique, et que l'antagonisme oppose deux dialectiques grâce à la potentialisation de l'une par l'autre et réciproquement. Mais si la contradiction se déploie aux dépens du renversement d'un contraire dans l'autre, on peut dire que l'antagonisme offre à la contradiction une troisième voie. Lorsque la contradiction se développe donc pour elle-même de façon contradictoire, elle donne naissance à la dialectique *contradictorielle*, la dialectique du Tiers.

Venons-en à la première tentative de systématisation de ces aperçus nouveaux de la Physique et de la Logique contemporaine. Stéphane Lupasco a proposé d'appeler *principe d'antagonisme* le fait que toute actualisation d'un contraire soit conjointe par la contradiction à la potentialisation de son contraire. Il appelle *conscience élémentaire* cette potentialisation. Il décrit deux *conjonctions contradictionnelles* opposées – celle de l'actualisation de l'hétérogénéisation conjointe à la potentialisation de l'homogénéisation, et celle de l'actualisation de l'homogénéisation conjointe à la potentialisation de l'hétérogénéisation –, et une *conjonction contradictorielle* où l'antagonisme se déploie au détriment des conjonctions contradictionnelles[12].

L'*existence* apparaît comme un déploiement des dynamiques contradictionnelles. Et la logique de ces dialectiques existentielles, c'est-à-dire du monde et de sa connaissance, est la logique de non-contradiction (soit de l'hétérogénéisation, soit de l'homogénéisation – logique qui exclut le *contradictoire en soi*[13].

---

[12] On appellera l'alternative des deux dialectiques *disjonction contradictionnelle* (l'actualisation de l'une exclut celle de l'autre), que l'on représente par le signe ∨ : (1) ∨ (2). Les deux *conjonctions contradictionnelles* de base sont à leur tour opposées à la conjonction contradictoire, qui pour cela pourra être dite *contradictorielle* (3), et en sont séparées par une disjonction (1)∨ (3)∨ (2). Lorsque l'on voudra signifier que les conjonctions contradictionnelles s'excluent du point de vue de leur actualisation, on notera cette exclusion par le signe ∨. Si au contraire on signifie que l'une en s'actualisant potentialise l'autre, on utilisera le signe implique ⊃.

[13] Le principe du « Tiers exclu » de la logique d'identité vise non seulement ce qui est *en soi contradictoire* mais tout ce qui diffère de la valeur d'identité, et donc ce qui diffère de soi-même par principe : la Différenciation. Or, la non-contradiction ne concerne pas seulement l'Identité puisque la Différenciation est aussi une dynamique polarisée de façon non-contradictoire. On a cependant coutume de réduire la logique de non-contradiction à la logique d'identité car il est possible de considérer la différenciation à partir des termes opposés de la différenciation, termes qui peuvent être appréhendés chacun comme une identité. On peut ainsi traiter de la

Pourtant, la nature inclut le contradictoire en soi ! Si la potentialisation est une conscience élémentaire conjointe à toute actualisation, alors, dans le fondement, les deux consciences élémentaires antagonistes se relativisent mutuellement en même temps que les deux actualisations : on retrouve la *puissance* aristotélicienne, à ceci près que cette *puissance* peut résulter de la relativisation des contraires. Et du moment que ces deux potentialisations sont des connaissances ou consciences élémentaires l'une de l'autre, leur relativisation mutuelle engendre une conscience qui n'est plus élémentaire mais *une conscience au sens courant du terme,* que Lupasco appelle « conscience de conscience ».

Mais Lupasco parle aussi de « connaissance de connaissance » : il note, en effet, que l'actualisation de chacun des contraires peut être plus ou moins prononcée, ce que l'on peut se figurer par des exposants a^1, a^2, a^3, etc., et leurs potentialisations respectives p^1, p^2, p^3, etc., de sorte que l'on obtiendra des actualisations et potentialisations relatives les unes aux autres qui seront alors, pour la conscience du sujet, des « connaissances » objectives ou « connaissances de connaissances ». Lupasco fait apparaître du *dualisme antagoniste* une théorie de la connaissance qui offre une base solide à l'idée que la *connaissance* nous offre un reflet exact du *réel.*

Lupasco n'a pas conçu lui-même le développement du Tiers faute de pouvoir s'en faire une représentation

---

logique de la différence comme une logique des différences en faisant intervenir comme critères de vérité d'autres valeurs que la valeur d'identité (les différences). Telles sont les logiques quantiques modales, plurielles, etc. Ces logiques polyvalentes postulent cependant toutes l'exclusion de ce qui est *en soi contradictoire* (le Tiers exclu de la logique d'identité est remplacé par le n+1ème exclu).

objective. Mais il constata que la dialectique contradictorielle s'inscrivait dans les symboles de la *Table des déductions logiques* du principe d'antagonisme[14]. L'antagonisme qui se développe en se relativisant par rapport à lui-même (3-3) donne naissance à une troisième orthodéduction logique, qu'il appelle la *dialectique contradictorielle.* Dès lors, le *dualisme antagoniste* où le Tiers contradictoire émergeait comme un équilibre de deux dialectiques antagonistes doit céder la place à une *tridialectique.* C'est du moins ce que révèle le développement des conjonctions contradictionnelles de base (1), (2) et contradictorielle (3), dans la *Table des déductions* du principe d'antagonisme.

Cette Table s'interprète de la façon suivante : si un événement s'actualise (potentialisant son contraire), cette actualisation constitue un événement qui peut à son tour s'actualiser (ce que Basarab Nicolescu[15] a appelé un « deuxième niveau »). Chaque événement (1) ou (2) ou (3) dispose de trois polarités d'actualisation-potentialisation (1) (2) (3), de sorte que l'existence a toujours un avenir tridimensionnel et peut toujours donner naissance à un nouveau *fondement* (3).

Si la science contemporaine révèle que les deux dialectiques polarisées de façon non-contradictoire par l'Identité et par la Différence correspondent aux deux matérialisation et dématérialisation qui définissent l'existence du monde dit naturel et leurs connaissances, la *dialectique contradictorielle* ne possède aucun des caractères de celles-ci, ni dans le réel, ni dans la connaissance. Elle est

---

[14] Lupasco, *op. cit.*, p. 51-52.

[15] Basarab Nicolescu, *Qu'est-ce que la réalité ?*, Canada, Montréal, Liber, 2009.

donc inconnaissable, c'est-à-dire que nul ne peut en savoir quoi que ce soit à partir de la théorie de la connaissance issue du dualisme antagoniste, et *a fortiori* de la logique classique de non-contradiction. On comprend qu'elle ait été exclue de toute approche scientifique ou philosophique !

Le Tiers qui s'inscrit dans la relativisation de l'actualisation des contraires et de leur conscience élémentaire demeurerait donc inconnaissable s'il ne se révélait de lui-même comme conscience de conscience. Et nous ne pourrions rien en savoir si l'on n'était soi-même au cœur de cette révélation. Or, nous sommes le siège de cette révélation, et de manière irréfutable puisque le Soi est ce que nous ressentons de ce que nous sommes. C'est le point de départ intuitif de toute philosophie, disons plus précisément, de toute pensée ou de toute conscience. Il y a un *je ne sais quoi qui sent que je marche, qui sent que je vois, qui sent que je sens, et c'est cela penser*, nous dit Aristote[16]. Descartes ne dit pas autre chose dans son *cogito* : *je sens que je sens*, etc.

Si l'on peut parler de connaissance lorsque l'on se trouve dans le domaine des deux dialectiques polarisées par la non-contradiction, et de connaissance de la connaissance lorsque les deux potentialisations se relativisent, ces connaissances disparaissent et se métamorphosent en *conscience affective* dans la conjonction contradictorielle (3-3).

Mais nous venons de faire un saut périlleux ! De la connaissance impartie à chaque contraire, nous sommes passés à une conscience de nature affective, car *sentir que l'on sent* est affaire *d'affectivité.*

---

[16] Aristote, *Éthique à Nicomaque,* (IX, 9, 1170 a 29 - 1170 b 13), (IX IX 9-10), cité dans D. Temple & M. Chabal, *La réciprocité et la naissance des valeurs humaines,* Paris, L'Harmattan, p. 207-210.

« Trois sont les principes », dit Aristote : l'*actualisation*, qui conduit à la « définition et à la forme » du vivant ; l'actualisation de son contraire, la *privation*, qui conduit au chaos ; et le troisième, la *puissance*, en laquelle se trouvent les deux contraires comme potentialités, et dont le devenir peut aussi être ni l'actualisation de la vie, ni l'actualisation de la mort, mais celui de l'âme.

« Trois sont les principes », selon Hegel : le *Fondement,* qu'il dit être en soi contradictoire, et qui devient par négation l'Autre, la Différence, et par la négation de cette négation, l'Identité. Et d'enchaîner ces trois principes dans une seule dialectique par la Contradiction : au commencement, le Contradictoire, puis la Différence, enfin l'Identité.

« Trois sont les principes », dit Lupasco, qui les enchaîne par la Contradiction et de façon dialectique selon l'ordre de Hegel, mais aussi selon l'ordre inverse : le Contradictoire, puis l'Identité, enfin la Différence. La genèse de cette seconde dialectique a nécessité une évolution de la notion de contradiction qui s'est trouvée relayée par celle d'antagonisme entre deux dialectiques opposées. Enfin, apparaît une troisième dialectique, dans le sens où la Différence et l'Identité se relativisent mutuellement ; et ces trois dialectiques sont liées entre elles par la Contradiction et l'Antagonisme. La thèse de Stéphane Lupasco retrouve alors celle d'Aristote, à ceci près qu'au lieu d'être seulement dynamique, chacune de ces dynamiques est dialectique, et que les deux contraires peuvent se relativiser pour engendrer une nouvelle puissance, un nouveau fondement.

Mais qu'est-ce que l'affectivité ? Eh bien pour le savoir, il faudra requérir, d'une part, un postulat qui présente l'affectivité comme le Tiers, et d'autre part, une expérience qui permette à l'affectivité (le Tiers) de se réfléchir sur elle-même pour se produire comme conscience.

Tout le monde éprouve l'affectivité. Que l'on puisse en parler est une chose toute simple et tout le monde sait décrire ses émotions ou sentiments. La fonction symbolique permet de les traduire par des paroles appropriées vis-à-vis d'autrui, mais non de préciser en quoi leur nature consiste. L'affectivité ne donne aucune prise à l'analyse. Elle est absolue. Comment connaître ce qui est absolu ? Et comment peut-on prouver la nature affective du Tiers alors que cette affectivité se développe au détriment des connaissances élémentaires ou des connaissances de connaissances qui se font face[17] ? Comment peut-elle se révéler pour ce qu'elle est ? Et comment pourrions-nous être le siège d'un tel avènement ?

Il est nécessaire pour *sentir que l'on sent,* que le Tiers, naissant de la relativisation des contraires et des potentialisations qui en sont les consciences élémentaires, puisse se réfléchir sur lui-même, de sorte que sa nature absolue devienne relative à elle-même, c'est-à-dire consciente d'elle-même. Dès lors, on pourra vérifier que le Tiers est bien l'affectivité primitive. Encore faut-il que l'on

[17] Intuitivement, Lupasco a toujours associé l'idée de connaissance et celle de connaissance de la connaissance à celle de conscience élémentaire et de conscience de conscience, sans pour autant expliciter cette association, l'intuition précédant l'analyse, mais l'on entend dans le mot *conscience* une dimension affective qui la singularise par rapport au mot *connaissance.*

puisse être soi-même le siège de cette relation car sinon nous n'aurions aucune preuve du résultat de l'expérience. Or, la conscience qui résulte de la *relation de réciprocité* entre êtres humains est une affectivité au sens ordinaire du terme (3), mais réfléchie sur elle-même (3-3) pour l'un comme pour l'autre. L'Autre est ainsi nécessaire à la genèse d'une conscience affective commune pour l'un comme pour l'autre. Cette conscience paraît ne procéder que d'elle-même puisqu'elle naît d'une interaction contradictorielle et non plus contradictionnelle. Mais il y faut, redisons-le, une matrice précise : la réciprocité.

Les sociétés qui ont la chance de pouvoir remonter à leurs origines disent la même chose sur leur naissance, que l'on peut résumer ainsi : l'humanité se construit sur deux prohibitions, celle du *même* (la prohibition de l'inceste) et celle de la *différenciation* exclusive. Cette dernière prohibition est affirmée vis-à-vis d'un étranger dont aucune parenté n'est reconnue, autrement dit elle prescrit une relative endogamie – ce que Lévi-Strauss a appelé l'*endogamie vraie*[18]. Cette prohibition de la Différence absolue fut traduite de façon systématique dans les mythes des sociétés archaïques qui stigmatisent l'inconnu sous le titre de l'animalité et frappent d'abomination toute relation sexuée entre l'homme et l'animal, à moins que celle-ci ne soit « sacrée », c'est-à-dire réservée aux Dieux.

L'anthropologie a montré que toutes les communautés humaines sont fondées sur ces deux prohibitions du Même (1) et du Différent (2). Ces interdits protègent la relation d'équilibre à partir de laquelle l'Hétérogénéisation et l'Homogénéisation peuvent se

---

[18] Claude Lévi-Strauss, *Paroles données*, Paris, Plon, 1984.

relativiser mutuellement. La résultante de cette relativisation dont le fondement logique est la conjonction contradictorielle (3) est difficilement nommée de façon objective puisque *en soi contradictoire*. Elle se dit cependant le sujet de toute connaissance et de tout sentiment. L'équilibre qui lui donne naissance est la réciprocité anthropologique, dite aussi anthropogène ou primordiale.

Nous savions que la logique de non-contradiction était adéquate pour rendre compte de la connaissance, et que les principes de *contradiction*[19] et du *Tiers exclu* sont pertinents selon cette logique. Mais nous disposons à présent des catégories nécessaires pour affronter des questions présumées sans solution d'après la logique de non-contradiction, et dites pour cela irrationnelles ou encore relevant du mystère.

L'*hétérogénéisation*, l'*homogénéisation* et le *Contradictoire* sont liés entre eux par le principe d'antagonisme qui conjoint l'actualisation et la potentialisation ; et nous en avons déduit que la potentialisation ouvrait la voie de la connaissance du réel, et le Tiers inclus (le Contradictoire) celle de la conscience affective.

Nous devons peut-être préciser le statut de la *contradiction*. Le renversement de l'actualisation d'un contraire dans l'autre suffit pour dire la contradiction dans son acception ordinaire. Conçue comme un point critique, la contradiction n'est pas quelque chose de consistant en elle-même. Dans la pratique, c'est le moment révolutionnaire de la lutte des classes, par exemple. La contradiction se manifeste dans l'inversion d'un rapport de

---

[19] La logique classique appelle son *principe de non-contradiction* : *principe de contradiction*. Lire *infra* p. 67.

force (la dictature de la bourgeoisie par la dictature du prolétariat). La dialectique se développe par l'actualisation de la force préalablement potentialisée par l'actualisation précédente.

Cependant, ce n'est pas la même chose d'entendre la dialectique comme le rapport de force institué à l'intérieur d'une conjonction contradictionnelle, c'est-à-dire comme l'oscillation dominée tantôt par l'actualisation d'un contraire, tantôt par celle de l'autre (comme le rapport de force entre la bourgeoisie et le prolétariat), et le développement ou le devenir d'une dialectique qui suppose le dépassement de cette conjonction selon les trois opportunités qui lui sont offertes par la *Logique dynamique du contradictoire.* Lorsque l'on dit qu'une conjonction *contradictionnelle* s'actualise, on dit autre chose que l'actualisation, à l'intérieur de cette conjonction, soit de l'homogénéisation, soit de l'hétérogénéisation : on signifie, par exemple, que l'homogénéisation qui s'actualise potentialisant l'hétérogénéisation est un événement qui peut à son tour s'actualiser selon trois modalités : de façon homogène, et dans ce cas son devenir sera de même sens que celui de l'actualisation initiale qui sera redoublée ; ou bien il s'actualisera de façon inverse, de façon hétérogène ; ou encore, de façon contradictorielle[20]. Dans tous les cas,

[20] Lupasco emploie le terme de *conjonction contradictionnelle* pour désigner les trois conjonctions de base : l'homogénéisation, l'hétérogénéisation et le Contradictoire parce qu'elles obéissent au principe d'antagonisme. L'avènement du *Tiers inclus,* du Contradictoire qui provient de la relativisation des actualisations des contraires, nous la dirons une actualisation *contradictorielle*, bien que Lupasco n'ait pas retenu cette terminologie et ne se soit pas aventuré dans sa définition.

l'événement initial sera inséré dans une suite événementielle dont il deviendra un *élément* constitutif. Par exemple, la contradiction que Marx a dévoilée dans le système capitaliste se traduit dialectiquement par l'exploitation de la force de travail du prolétariat dont la production sociale est potentialisée, et la dialectique propre à cette conjonction de base devrait conduire à la victoire du prolétariat, c'est-à-dire à la suppression de l'exploitation et à l'actualisation de la production sociale. Cet événement n'a pas eu lieu car il a été potentialisé par l'amélioration de la condition ouvrière dans le processus de la production capitaliste, et cette actualisation rejette l'éventualité de la lutte des classes comme condition d'accès au pouvoir du prolétariat hors de toute réalité. La condition ouvrière devient par sa consommation le ressort de la production industrielle jusqu'à « surdéterminer » la logique du profit de la bourgeoisie. L'exploitation est devenue un *élément* du développement capitaliste, une « opération gelée » (comme dit Lupasco) de la dialectique libérale.

Lorsqu'un événement est constitué d'une suite d'éléments de même signe, Lupasco parle *d'orthodéduction*, et lorsque les éléments sont de signe opposé, de *paradéduction.*

Envisageons l'orthodéduction de l'homogénéisation, à titre d'exemple. Que l'être s'affirme identique à lui-même, et que cette actualisation (1) se développe selon son propre signe (1), cette deuxième actualisation est la répétition, le redoublement de l'identité (1-1), qui implique la potentialisation de son contraire, la potentialisation du fait que cette identité puisse se diviser et se multiplier sous des formes différentes (1-2). Dit autrement, l'hétérogénéité qui aurait dû apparaître à l'horizon de l'homogénéité actualisée dans la conjonction contradictionnelle de base est surpotentialisée. L'hétérogénéisation n'est pas seulement *dominée*, elle est *rejetée* hors des frontières du possible : elle est *exclue*. Par *exclusion,* il faut entendre ici une disjonction au second niveau, un refus du possible.

On peut poursuivre cette dialectique qui devient alors (1-1-1). Cette fois, c'est l'exclusion de l'éventualité de l'actualisation de l'*Autre* qui est à son tour « exclue », rejetée, potentialisée à l'extérieur de l'être-qui-s'identifie-au-Même. L'*exclusion* est rejetée par la potentialisation de l'éventualité de son actualisation. Le Même se reploie une deuxième fois sur lui-même et se concentre dans son intériorité en détruisant jusqu'à la possibilité de l'exclusion de l'*Autre* : l'événement constitué par l'*exclusion* est effacé de toute possibilité d'actualisation. C'est alors à la disparition de l'*Autre* qu'aboutit ce rejet car la potentialisation de cette exclusion qui supprime jusqu'à son éventualité se traduit par une négation totale.

Une telle « déduction » n'est pas le produit d'une spéculation intellectuelle. Elle donne sens à la réalité. Par exemple, l'expulsion des Juifs était le leitmotiv de la conscience identitaire depuis le XVe siècle, au moins en Europe. Elle paraissait cependant à ses auteurs suffisante pour assurer la relation d'identité avec soi-même. Mais les chambres à gaz de l'Allemagne hitlérienne témoigneront de la potentialisation de l'expulsion, une *exclusion* pas seulement au-delà des frontières de la nation allemande ou de la race européenne ou chrétienne, mais au-delà des frontières de toute identité : la suppression de la vie, le génocide. Avec les fours crématoires, il s'agit cette fois de l'exclusion de la possibilité de toute possibilité de concevoir l'existence de l'*Autre* : c'est le néant.

Heidegger a défendu et exalté cette dialectique du Même qui se traduit par la domination, l'exclusion, l'extermination de l'*Autre*. Si l'homme s'identifie au Même, selon l'idéologie du maître à penser du national-socialisme, il est naturel que l'*Autre* soit proscrit, éliminé, puis se réduise au néant, et par « Autre » s'entend tout ce qui diffère du Même : l'anormal, le handicap, l'étrange, l'inconnu, le (2), et à plus forte raison la conscience, le Tiers inclus, le (3), « le Juif et le Tzigane », comme dit Simone Weil[21], tout ce qui s'oppose, en somme, à l'affirmation de la non-contradiction de l'identité.

La logique dialectique de l'identité dicte l'exclusion, l'extermination, enfin la disparition. Faire disparaître jusqu'à la mémoire qu'il y ait pu y avoir meurtre n'est pas seulement attesté par le secret de la Solution finale, mais professé par le négationnisme (1-1-1). On revient alors au point de départ puisqu'il ne s'est rien passé ! Heidegger célèbre ce point final d'un terme qui fait pendant à la parousie : le *jointement,* qui n'est pas la résurrection de la Parole, la dynamique (3-3-3), mais la mort du Verbe (1-1-1).

Le système capitaliste donne un autre exemple de développement unidimensionnel, mais inverse de la dialectique du Même. Il se fonde sur la production comme

---

[21] Pour préciser que l'*élection* par laquelle se définissait le peuple juif appartient à tous les peuples, et parce qu'il est nécessaire d'éviter le piège de ceux qui interprèteraient l'élection juive comme sélective, ce qui aboutirait à un autre racisme, Simone Weil élevait toujours les Tziganes à la même dignité que les Juifs, c'est-à-dire à celle de « peuple élu », et par là elle signifiait on ne peut plus clairement que le peuple juif, dans les chambres à gaz et les fours crématoires des nazis, était l'*humanité* tout entière niée par le « crime contre l'humanité ».

actualisation de la vie (2), qui se redouble par l'exploitation de l'homme par l'homme (2-2), et lorsque cette exploitation arrive à son terme où l'actualisation de la révolte potentialisée devrait se produire (2-1), cette éventualité est potentialisée par l'intégration du prolétariat à la production de l'entreprise capitaliste (2-2-2), renvoyant aux calandres grecques une éventuelle actualisation de la révolution. Lorsque cette dynamique arrive à son terme, c'est-à-dire lorsque la consommation du prolétariat est limitée par le surendettement, elle ne donne pas naissance à une antithèse dialectique, le refus de payer la dette, mais à la spéculation sur la faillite de l'économie et le chaos social.

Si l'on en croit un vieux proverbe : *À la quatrième génération, cessez vos chants…*, nous sommes revenus au point de départ où chacun est un commencement vis-à-vis d'autrui dans le souci d'une vie qui n'a pas d'autre fin que sa propre différence.

Cependant, l'interprétation de tout événement doit tenir compte de trois devenirs possibles et non pas d'un seul, c'est dire que hors la dynamique du national-socialisme (1-1-1) et hors de la dynamique du capitalisme (2-2-2), il y a toujours du Tiers à l'origine ou à l'horizon, et par conséquent la possibilité que la conscience renaisse de ses cendres.

Mais qu'en est-il de la contradiction au sein de ce qui est en soi contradictoire lorsqu'elle se garde toute l'énergie que nous avons reconnue être celle du *fondement*, de la *puissance* ou encore du *Tiers* ?

Antonio Canova, *Psyché ranimée par le baiser de l'Amour,* (1793).

Paris, Musée du Louvre.

- 2 -

Les dialectiques du Tiers

Nous avons précisé que la contradiction, limitée au renversement des contraires et au développement de la dialectique, anime non pas une mais deux dialectiques contradictionnelles, et que au cœur de leur antagonisme apparaît ce qui est en soi contradictoire dont le développement est la dialectique contradictorielle.

Nous avons souligné que le Contradictoire qui se développe au dépens des contraires se manifeste hors des catégories de l'espace et du temps, de l'étendue et du mouvement qui caractérisent les dialectiques contradictionnelles. Il peut donc être dit sur-naturel, pour autant que l'on définisse la nature par ce qui peut être connu selon les catégories de la logique et des théories traditionnelles de la connaissance.

Nous avons postulé que le Tiers était l'affectivité primitive qui n'avait jusqu'à présent, rappelons-le, aucune explication. Ce postulat a reçu un commencement de réalité et de validité lorsque l'on a fait apparaître le développement en soi contradictoire de ce qui est en soi contradictoire, et que nous en avons conclu que l'affectivité, si elle était bien ce qui est en soi contradictoire, le Tiers, se reployait sur elle-même pour se constituer en conscience.

Nous avons remarqué que quiconque participait à une relation de réciprocité connaissait sur le mode de la *révélation* que l'affectivité était l'origine de la conscience.

Enfin, puisque le Tiers, le contradictoire en soi, est présent au cœur de tout événement, et qu'il ne peut être exclu absolument par l'actualisation d'aucune dynamique sans que disparaisse son contraire et son fondement, nous pouvons remplacer le « principe d'identité », le « principe de contradiction » et le « principe du Tiers exclu », par le principe d'antagonisme.

Nous avons proposé une première approche de nouvelles catégories : les deux conjonctions contradictionnelles (l'une d'homogénéisation, l'autre d'hétérogénéisation) et la conjonction contradictorielle du Tiers, en les présentant en regard des anciennes – assurément cette confrontation aura provoqué quelque hésitation, sinon confusion. Nous allons montrer à présent leur efficacité dans le domaine où elles excellent.

Désormais, nous nous intéressons au Tiers. Le Tiers a donc trois opportunités de développement, soit en s'actualisant par homogénéisation, soit par hétérogénéisation, soit contradictoirement vis-à-vis de lui-même ; et nous savons que la réciprocité ouvre la voie à l'avènement de la Conscience.

Selon notre postulat, le Tiers est contradictoire en lui-même, et si son actualisation est de s'homogénéiser, le Contradictoire tend vers l'unité de la contradiction, et potentialise l'hétérogénéisation de celle-ci. Lupasco observe que cette homogénéisation se traduit par l'*angoisse.* En sens contraire, lorsque le Tiers s'actualise par hétérogénéisation, cette actualisation s'accompagne d'une expression tout aussi négative de l'affectivité, l'*ennui.* C'était déjà là une anticipation remarquable du *nouveau postulat*[22] puisque Lupasco identifie deux paradialectiques du Tiers à deux manifestations affectives – ce qui laisse entendre que le Tiers est lui-même de nature affective. Nous laisserons ces aperçus de côté pour relever seulement que le Soi qui devient conscient de lui-même est un sentiment de liberté vis-à-vis des dynamiques enchaînées à leur polarité non-contradictoire. L'affectivité du Tiers, lorsque celui-ci se développe selon sa propre dynamique contradictoire, conduit au sentiment de liberté vis-à-vis de ses aliénations dans l'homogénéisation et l'hétérogénéisation.

Néanmoins, cette liberté s'ouvre sur un *au-delà* inconnu. L'événement décisif qui va nous donner raison de cet *au-delà* est la rencontre du Tiers avec le Tiers qui se produit dans la réciprocité primordiale. Cette « rencontre » a été décrite par Claude Lévi-Strauss[23]. C'est à partir de cet événement fondateur de la société qu'il a pu élaborer la première théorie de la réciprocité (les structures élémentaires de la parenté[24], malencontreusement traduites en termes d'échange des femmes). Il faut, dit-il, que les forces de *désir* et de *crainte* s'équilibrent dans le face-à-face des uns et des autres pour que s'installe une affectivité commune nouvelle. À sa suite, les ethnologues ont appelé *distance sociale* la distance entre les uns et les autres où naît cette affectivité commune. Mais si la distance sociale – que Lévi-Strauss appelle « situation contradictoire » – demeure

[22] D. Temple, « *Un nouveau postulat pour la philosophie* », collection *réciprocité*, n° 10, 2018.

[23] C. Lévi-Strauss, *La vie familiale et sociale des indiens Nambikwara*, Thèse, Paris, musée de l'Homme, 1948.

[24] C. Lévi-Strauss, *Les structures élémentaires de la parenté*, Paris, PUF, 1949, rééd. Mouton, 1967.

immobile, l'affectivité pour chacune des parties devient une anxiété de plus en plus insoutenable, et l'on retrouve l'angoisse. La solution qui délivre les hommes face à cette angoisse peut être la fuite, elle peut être la fusion dans une horde homogène, mais elle a une troisième issue : la Parole.

Grâce à la Parole, le Tiers est dégagé de l'emprise de l'hétérogénéisation ou de l'homogénéisation (la fuite ou la confusion). La Parole ouvre une voie propre à l'expression du sentiment partagé par les uns et les autres. Mais cette libération exige la pérennisation de la bonne distance sociale de réciprocité, que nous appellerons ici la *réciprocité primordiale*.

La réciprocité primordiale instaure un domaine nouveau dans la nature : celui des manifestations des sentiments communs nés de la réciprocité, par la Parole, le *langage*. Toutes les activités qui sont intégrées dans la réciprocité prennent leur sens dans cet espace, de façon d'abord indistincte, mais d'un coup, comme dit Lévi-Strauss[25]. Elles ont toutes du *mana,* comme dit Mauss. Puis, de façon de plus en plus diversifiée et précise, elles se nomment chacune séparément.

Reprenons donc notre réflexion à partir de la conjonction contradictorielle (3). Son actualisation contradictionnelle de deuxième niveau est soit (3-2), soit (3-1), et son développement contradictoriel (3-3). Dans la mesure ou l'homogénéisation et l'hétérogénéisation qui

---

[25] « À la suite d'une transformation dont l'étude ne relève pas des sciences sociales, mais de la biologie et de la psychologie, un passage s'est effectué, d'un stade où rien n'avait un sens, à un autre où tout en possédait ». Claude Lévi-Strauss, « Introduction à l'œuvre de Marcel Mauss » , *in* Marcel Mauss, *Sociologie et Anthropologie*, Paris, PUF, 1950, rééd. 1991, p. XLVII.

concourent à sa genèse ne sont pas en quantités égales, leur relativisation engendre un Tiers minoré mais doté d'un surcroît d'énergie homogénéisante ou hétérogénéisante. Si nous envisageons donc un système où domine l'hétérogénéisation (2 > 1) puisque nous avons convenu que l'homme est un être vivant, quelles seront les manifestations qui le caractériseront ? Du moins chez les organismes supérieurs où elles ont quelque chance d'être plus évidentes ?

Le Tiers apparaît comme affectivité dans chacun des organes des sens du vivant qui ont la double compétence de subir et d'agir (de voir et de regarder, d'entendre et d'écouter, du sentir et du toucher...), c'est-à-dire d'enregistrer les informations qui viennent de l'extérieur, d'une part, et d'autre part de projeter sur le monde extérieur celles de la vie. On ne voit pas seulement lorsque l'on regarde, on voit l'objet que l'on regarde : mais cette activité de regarder en fonction de ses besoins suppose une hétérogénéisation vitale, l'acte de voir. Le Tiers est alors la conscience de voir et la conscience de ce qu'il voit. Son affectivité se répartit ainsi en celle du sujet et celle de ses représentations : le Soi et le Sens.

Même observation pour l'ouïe et le tact, l'odorat et le goût qui sont des variantes de celui-ci. Les sens fondamentaux déterminent les affectivités biologiques offrant à l'énergie psychique un matériau de base. En réalité, les choses sont plus complexes car l'activité hétérogénéisante – la vie – est dialectiquement couplée avec une homogénéisation antagoniste qui identifie l'objet désiré selon la nécessité du sujet, et abolit la différence entre le sujet et l'objet pour satisfaire à cette nécessité. Cette identification de l'objet nécessaire à la vie sera conjointe à la potentialisation de l'objet appréhendé dans son hétérogénéité : telle proie et non pas telle autre[26].

Dans les communautés originelles, cette *identification* se dit par l'expression *se nourrir* ou *manger* : l'homme *mange* du fruit de l'arbre de la connaissance, les communautés de réciprocité de vengeance *mangent* le corps immolé des prisonniers pour s'approprier l'esprit de la vengeance[27]... Ces activités homogénéisantes sont *potentialisées* par la *vie* de l'esprit, et donc « reconnues » pour ce qu'elles sont, nécessaires pour autant qu'elles sont dominées et refoulées, potentialisées grâce à une actualisation d'hétérogénéisation – potentialisations que traduisent des expressions comme « défendu » (pour le fruit de l'arbre) ou « sacré » (pour le prisonnier qui sera sacrifié).

Mais que devient la relation de l'homme qui rencontre un autre homme ? Leur interaction met en jeu les dynamiques qui engendrent le Soi de l'un en les croisant avec celles qui engendrent le Soi de l'autre pour constituer

---

[26] Précisons : la vie n'est pas une *dynamique* d'hétérogénéisation mais, selon la logique du Contradictoire, une *dialectique* d'hétérogénéisation. Et l'hétérogénéisation intègre une homogénéisation qu'elle asservit à sa finalité et qu'elle retourne contre l'homogénéisation extérieure. On dira que le métabolisme est l'équilibre de l'anabolisme et du catabolisme soumis au développement de l'anabolisme. L'objet ne sera pas seulement la potentialisation d'une activité d'hétérogénéisation et perçu comme indifférencié dans un monde inerte mais, chaque fois qu'il sera potentialisé par une activité homogénéisante nécessaire à la permanence de l'homéostasie du système vivant, une conscience objective définie par sa singularité hétérogène, qui le désignera comme la proie exclusive du prédateur.

[27] Bartomeu Melià & Dominique Temple, *La réciprocité négative. Les Tupinamba*, collection *réciprocité*, n° 5, 2017.

la conscience commune de l'un et de l'autre. Dès lors, les objets perçus par les organes des sens acquièrent du sens symbolique par leur intégration à la réciprocité : ils ne sont pas seulement l'objet des sensations pour le sujet, des perceptions du sujet, ils acquièrent un sens pour la conscience commune, ils sont des symboles.

La conscience qui s'investit dans l'usage de ces objets les transforme en signifiants qui témoignent de la révélation de sentiments surnaturels. Les symboles sont des sensations immédiates de l'esprit qui ont pour image celles que les sens biologiques leur proposent : le soleil, la nuit, le vent, la foudre, l'oiseau… La valeur est l'expression du Soi commun imparti à ces objets « transitionnels », pour reprendre l'expression de Winnicott[28], qui deviennent le moyen par lequel une relation de réciprocité peut être reproduite dans le langage.

Dans les *prestations totales* repérées par l'anthropologie, toutes les activités humaines qui participent des relations de réciprocité et de la genèse d'une conscience commune reçoivent un sens indivis auquel les anthropologues ont réservé le terme emprunté aux Mélanésiens de *mana*. Et chacune de ces activités reçoit au fur et à mesure de la complexification de la société un sens lié à son autonomie relative, une valeur propre, dans un langage qui ne cesse pour autant d'être cohérent puisque toutes ces activités sont corrélées entre elles par la vie.

Nous pouvons à présent imaginer les développements de la conscience symbolique dans trois directions. Lévi-Strauss soutient que la Parole est le vecteur d'une

---

[28] Donald W. Winnicott, [1971], trad. fr. *Jeu et réalité : l'espace potentiel,* Paris, Gallimard, 1975.

dynamique précise : l'hétérogénéisation, qu'il nomme *principe d'opposition.* Du principe d'opposition (l'opposition corrélative), il fait la clef de la fonction symbolique. Il observe en effet que les communautés archaïques recourent à l'appréhension de leur existence par l'opposition systématique entre deux termes corrélés (sœur-épouse, oncle-neveu, fils-père, moitié d'en bas-moitié d'en haut...). Ce n'est que dans un deuxième temps qu'il s'est rendu compte qu'un autre principe opérait de façon analogue (le *principe d'union* ou système à « maison »), mais il n'a pas poussé son analyse au point d'en faire une deuxième modalité de la fonction symbolique[29]. Pourtant, ces deux principes ont été reconnus à la base du langage par les linguistes[30]. Selon notre nomenclature, ces *deux Paroles*[31] sont les dialectiques (3-3-2) et (3-3-1).

Allons au mythe des origines, qui nous raconte qu'Adam est plongé dans un profond sommeil où s'efface toute connaissance et imagination. Et de sa *chair* surgit l'*Autre*, qui lui révèle qui il est. Cet Autre est « identique et différente », toute différente mais en même temps toute identique puisque la moitié de lui-même, c'est-à-dire *en soi contradictoire.* Et réciproquement, Adam vis-à-vis d'elle. Ce miroir du Contradictoire (3-3) est l'image de l'Elohim (un

---

[29] D. Temple, *Lévistraussique. La réciprocité et l'origine du sens,* 1ère éd. *Transdisciplines*, Paris, L'Harmattan, avril 1997, p. 9-42 ; 2de éd. collection *réciprocité*, n° 6, 2017.

[30] Dès les années 1920-1930, Roman Jakobson, Nicolaï Troubetzkoy et Serge Karcevski travaillent à démontrer la réalité linguistique des *systèmes* des phonèmes d'une langue.

[31] Actualisation par la Parole du *principe d'union* et du *principe d'opposition.* Cf. D. Temple, *Les deux Paroles*, La Paz, Tari editores, 2003 ; édition française, collection *réciprocité,* n° 3, 2017.

pluriel singulier). Or, l'Une est dite nécessaire pour venir en aide à l'Autre afin qu'il puisse se nommer, et réciproquement (« Celle-ci cette fois est os de mes os et chair de ma chair, celle-ci sera appelée femme parce qu'elle a été prise de l'homme[32] »). Adam et Eve – l'humanité – est dite se créant à l'image du principe de réciprocité[33].

Cette réciprocité du face-à-face permet, comme toute autre structure de réciprocité dont nous parlerons bientôt, à *celui qui agit de subir en même temps,* et d'être le siège du Tiers, de cette affectivité que l'on éprouve comme sentiment surnaturel, qui, parce que réfléchi sur lui-même, est la Conscience.

On ajoutera ici que la conscience se manifeste dans la joie. L'affectivité qui se libère de ses origines physique et biologique est joie. Le binarisme joie-souffrance, plaisir-douleur est inhérent à cette libération. Sinon la conscience ne pourrait l'emporter sur les forces de la nature. Cette joie modifie l'expression des uns et des autres. Elle change leurs regards, leurs gestes, leurs visages, leurs voix. Cette *transfiguration* se voit sur l'autre. Autrui devient le témoin de la *révélation*, autrui que l'on qualifie d'*ami,* ce qu'il est sans que l'on sache comment, et dont on est seulement l'*otage,* comme dit Emmanuel Lévinas.

Le pas suivant est vite franchi : selon la nature, l'homme naît frère et sœur, et si la relation fondamentale

---

[32] *Genèse,* II : 23.

[33] Adam est seul, impuissant à se nommer lui-même. Eve n'est pas la différence absolue, comme les animaux interpellés par Adam, elle est relative à l'identité de Adam puisque sa moitié ! Nous sommes dans le Contradictoire, et Adam et Eve forment la dualité du face-à-face (3-3), l'Alliance, dont le Tiers inclus est ce dont on peut dire que la conscience d'Adam et Eve est le Verbe.

oblige à une relation exogamique entre l'homme et la femme, celle-ci concerne autant le frère et la sœur. La première relation matrimoniale a lieu de telle sorte qu'un homme épouse la sœur d'autrui, et réciproquement autrui épouse sa sœur. Pour respecter le principe de réciprocité, le plus simple est que sœurs et frères d'une même fratrie rencontrent les frères et sœurs d'une autre fratrie. Mais alors il existe un lien d'identité entre cousins, qui doit être relativisé par une différenciation : c'est l'invention de la distinction entre « cousins parallèles » et « cousins croisés », distinction non biologique mais sociale. Les cousins croisés ont dans les couples de leurs parents un frère et une sœur, et peuvent se marier. Les cousins parallèles ont dans leurs parents deux frères ou deux sœurs, et ne peuvent se marier. Les enfants du frère du père ou de la sœur de la mère sont dits parallèles, les enfants de la sœur du père ou du frère de la mère sont dits croisés. L'explication de l'interdit qui frappe les cousins parallèles et qui n'autorise le mariage qu'entre cousins croisés, que l'on doit à Lévi-Strauss, est une découverte majeure. Elle établit la réciprocité comme principe psychologique délié de son origine biologique. Elle lui suppose une évolution qui lui soit propre, celle de l'énergie psychique. C'est le Tiers, en effet, qui impose ici la reproduction du principe de réciprocité, et non la vie, comme condition de son existence[34].

L'*alliance* peut être singulière ou collective, mais laissons provisoirement cette distinction de côté pour aller

[34] Nous sommes dès lors en présence de deux niveaux de réciprocité, celui qui apparaît dans la nature (la prohibition de l'inceste, l'alliance et la filiation) et celui qui apparaît avec le langage (les *deux Paroles*). Au premier niveau se construit la communauté de parenté, au second la cité.

directement à une autre structure fondamentale : la structure ternaire, qui se dit dans la terminologie primitive la *filiation.*

Jacques Lacan fit remarquer à Claude Lévi-Strauss que son interprétation de la prohibition de l'inceste ne rendait compte que de la moitié de *l'interdit* tel qu'il est énoncé par toutes les communautés du monde. Celui-ci ne vise pas seulement frères et sœurs mais aussi les générations : le père n'a pas le droit d'épouser sa fille, pas plus que la mère son fils. Lévi-Strauss n'explique que la moitié de cet interdit entre générations parce qu'il postule le primat de l'échange : les hommes, dit-il, échangent leurs filles comme ils échangent leurs sœurs, et les pères ne peuvent donc épouser leurs filles. Mais pourquoi le fils n'épouserait-il pas sa mère[35] ?

Selon la théorie de la réciprocité, la réponse est évidente : si le fils épousait sa mère, la génération du fils serait « identique » à celle du père. Cette relation est dite

---

[35] « Claude Lévi-Strauss confirme sans doute dans son étude magistrale le caractère primordial de la loi comme telle, à savoir l'introduction du signifiant et de sa combinatoire dans la nature humaine par l'intermédiaire des lois du mariage réglé par une organisation des échanges qu'il qualifie de structures élémentaires – pour autant que des indications préférentielles sont données au choix du conjoint, c'est-à-dire qu'un ordre est introduit dans l'alliance, produisant ainsi une dimension nouvelle à côté de celui de l'hérédité. Mais même quand il fait cela, et tourne longuement autour de la question de l'inceste pour nous expliquer ce qui rend son interdiction nécessaire, il ne va pas plus loin qu'à nous indiquer pourquoi le père n'épouse pas sa fille – il faut que les filles soient échangées. Mais pourquoi le fils ne couche-t-il pas avec sa mère ? Là, quelque chose reste voilé. » Jacques Lacan, *L'éthique de la psychanalyse,* Séminaire VII, Paris, Seuil, 1986, p. 82.

aussi incestueuse. C'est donc le principe de réciprocité qui motive l'Interdit du Même, l'interdit de l'inceste, et non pas l'échange des femmes. Le retour du Même, de l'identité au détriment de l'altérité détruit l'opportunité du Tiers. Pour établir systématiquement celui-ci, il est nécessaire que chaque génération succède à la précédente, de sorte que la vie reçue se transmette en échappant à toute reproduction à l'identique. Alors apparaît une nouvelle structure de réciprocité fondamentale : la *réciprocité ternaire*.

Dans cette réciprocité, chacun se trouve recevant d'un côté et donnant de l'autre, c'est-à-dire dans la même situation contradictoire que dans le face-à-face, recevant et donnant à la fois. La réciprocité est seulement *généralisée*, comme dit Lévi-Strauss, au plus grand nombre. Le Tiers est construit dans la génération intermédiaire entre une génération antérieure donatrice de la vie et la génération suivante réceptrice. On dira cette réciprocité de filiation « ternaire » puisqu'elle fait intervenir un minimum de trois termes, tandis que l'alliance, qui n'en a besoin que de deux, sera dite « binaire ».

L'injonction de la nature est tout aussi impérative pour la réciprocité de filiation que pour la réciprocité d'alliance ! Elle décide de son premier signifiant, la *mère*[36], car la mère seule porte les enfants et les nourrit. Mais bientôt, le Tiers (le Verbe, la fonction symbolique) se libère du référent biologique, de sorte que la filiation patrilinéaire succède à la filiation matrilinéaire.

Revenons à présent sur les structures de base : la réciprocité binaire (l'alliance) peut être simple ou collective,

---

[36] Mireille Chabal, « Le nom de la Mère », *Revue du MAUSS semestrielle*, n° 12, Paris, La Découverte, 1998 ; rééd. dans *Réciprocité et Tiers inclus*, collection *réciprocité*, n° 2, 2017.

et la réciprocité ternaire peut être unilatérale, comme la filiation, ou bilatérale ou encore centralisée. Ces structures peuvent être ouvertes comme des hélices ou des spirales, enfin s'articuler les unes sur les autres : se construisent ainsi des *systèmes* de plus en plus complexes, comme à partir d'un petit nombre d'atomes des molécules de plus en plus organisées. Néanmoins, toute structure ou système de réciprocité produit un sentiment d'humanité absolu puisque de nature affective et donc exclusif de tout autre. Mais comment se définit-il ?

L'affectivité est, selon ce que nous avons dit, la chair de l'univers. Comme le prisme donne de la lumière les couleurs, la vie détaille l'affectivité complexe en émotions diverses, et, de même que lorsque l'on supprime le prisme les couleurs disparaissent, si l'on supprime la vie les émotions diverses disparaissent. Or, si la couleur est une affectivité, la lumière l'est aussi. L'affectivité de la conscience apparaît comme l'affectivité la plus parfaite lors de la relativisation des forces mises en jeu pour la produire, c'est-à-dire lors de la disparition du temps et de l'espace où elle naît. Nous n'en saurions rien à moins de participer de l'événement lui-même ou d'en être le siège, d'être donc la conscience de la lumière – et la sensation de la lumière nous le sommes car nous ne pouvons pas attribuer ni la sensation de voir que ce soit les couleurs ou la transparence de la lumière à quelque chose d'autre que notre affectivité. Et si la sensation de la lumière est affectivité pure, dire qu'elle est l'origine de la conscience, ce n'est pas seulement une analogie, une image, c'est une homologie. On se demande alors ce qu'il advient lorsque la structure de réciprocité qui permet que le Contradictoire se réfléchisse sur lui-même disparaît.

Pourquoi la mort, nécessaire pour que l'affectivité de la vie puisse se réfléchir dans son contraire et se relativiser pour se transformer en conscience, devrait-elle à présent devenir la cause de la disparition de la conscience ? Si elle permet la révélation de la conscience, peut-elle être la cause de sa disparition ? Il faudrait pour cela qu'elle soit absolue, ce qu'interdit toute notre appréhension des choses jusqu'à présent. Ou bien l'affectivité de la conscience née de la contradiction de la vie et de la mort est-elle désormais libérée de l'une et de l'autre, et suit-elle son cours hors d'elles ? C'est plutôt cela qui est probable. En tout cas, il est plus difficile de concevoir ou d'éprouver le néant, pour autant que cela soit possible, que l'éternité !

Revenons aux structures sociales de base directement ordonnées par le principe de réciprocité. Chaque communauté de parenté affronterait les autres au nom de sa valeur de référence ou en fonction de son système de réciprocité si le langage ne lui permettait de se faire reconnaître d'autrui par la résonance que chaque parole peut éveiller en lui. Tout sentiment doit pour cela s'accompagner d'une expression qui puisse être reconnue d'autrui. Et l'Esprit emprunte à la nature la sensation la plus proche de ce qu'il éprouve, pourvu qu'elle puisse être vécue par autrui et que sa représentation ne puisse être mise en doute (le jour, le soleil, le feu, l'eau, la fleur, la perdrix, la colombe, le serpent…).

Le discours des communautés « primitives » témoigne donc des sentiments communs en recourant à *l'analogie affective*. L'objet le plus utile ou nécessaire devient le médiateur de la relation de réciprocité : le manioc ou le froment ne sert pas à manger autant qu'il sert à parler : il est le réceptacle du sentiment qui naît de la relation de réciprocité, son symbole. La médiation de l'objet permet de séparer l'affectivité du corps-à-corps des relations primitives. Elle assure son autonomie à la conscience et la délivre de sa sujétion à l'absolu en lui apportant une expression relative et objective[37]. Mais celle-ci est alors dépendante de la nature car toute connaissance oblige au respect de sa logique dont nous savons qu'elle est ordonnée au principe de non-contradiction. Cette polarité non-contradictoire (l'identité ou la différence, l'homogénéisation ou l'hétérogénéisation) contraint ainsi la conscience à se manifester sous l'une des deux modalités de la fonction symbolique, la *Parole d'union* et la *Parole d'opposition* : les deux Paroles (3-3-1) et (3-3-2).

La conscience est efficiente grâce à la Parole, mais les polarités non-contradictoires de ses représentations ne sont pas moins efficaces qui orientent le sens dans leur direction exclusive et définissent son imaginaire...

Mais encore !

Notre postulat est que le Tiers (3) est l'affectivité. Et nous avons dit que pour en éprouver l'efficacité, il fallait que le principe d'antagonisme délivre la dialectique de son unidimensionnalité et autorise la relativisation des contraires. C'est alors et alors seulement que la réflexion de l'affectivité (3-3), grâce au principe de réciprocité (l'interaction intersubjective), produit la conscience affective, le sentiment.

---

[37] Deux expériences motivent donc l'activité de l'Esprit : l'une *intersubjective*, source des sentiments et des valeurs éthiques, l'autre *objective*, source de la connaissance et de la science grâce à laquelle les choses sont nommées en fonction de leur utilité ou de leur nécessité.

La première affectivité (3) est donc celle d'une monade, le Soi, l'implication contradictorielle de base commune à tous les êtres ; la seconde, celle de la conscience affective, est l'affectivité d'une dyade, la dialectique (3-3). L'affectivité de la dialectique (3-3-3) sera dite « triadique », pour adopter la terminologie de Moisés Martínez Gutiérrez[38].

Le premier (3) est le Tiers comme *juste milieu* entre le monde extérieur (physique) et le monde intérieur (biologique), l'affectivité à fleur de peau, si l'on peut dire, de la sensation. Si cette affectivité se développe contradictoirement (d'être vu et de voir, de parler et d'ouïr, etc.), elle se redouble et devient une sensation de voir, d'entendre, de toucher (3-3). La Parole est l'actualisation de cette sensation sensible en une représentation objective. Cette représentation est alors polarisée par le vecteur logique de l'implication (1) ou (2). La Parole a pour symbole donc (3-3-1) ou (3-3-2).

La manifestation contradictorielle (3) de la dialectique de l'Esprit (3-3) est le Verbe, le Tiers entre les termes de la réciprocité (3-3-3), la dynamique qui donne *sens* à toute parole. Le Verbe est le nom donné à la création... Mais, c'est un autre sujet !

Nous retiendrons seulement que si notre postulat (l'affectivité est le Contradictoire) est exact, le développement des structures de réciprocité doit permettre de construire une économie de l'affectivité et une politique du

---

[38] Moisés Martínez Gutiérrez, « Afectividad y reciprocidad : aproximación a la obra de Dominique Temple », Universidad Nacional Autónoma de México, *CS*, 23, p. 57-75, Cali, Colombia, Facultad de Derecho y Ciencias Sociales, Univ. Icesi, [en ligne].

bonheur. Ce champ de l'expérience, qui n'était visité que de façon empirique, peut désormais l'être par la raison.

Lorsque l'on regarde la *Table des déductions* de la logique du Contradictoire[39], on voit une suite tridimensionnelle de conjonctions de base, que nous avons symbolisées par des chiffes (1), (2) et (3). Chacune de ces conjonctions est un événement qui peut s'inscrire dans une suite donnée dont il devient un *élément.* Mais, on l'a dit, tout événement peut se manifester de trois manières, soit conformément à son signe logique initial, soit conformément au signe opposé, soit de façon contradictorielle. Cette dernière éventualité signifie qu'une affectivité qui se reproduit de façon contradictoire devient Conscience.

Cette observation est capitale : en théorie au moins la conscience peut donc naître à l'intérieur de tout devenir, et spontanément dans l'univers. Cela vaut surtout pour authentifier l'idée que chaque génération nouvelle est l'aube de l'humanité, et qu'il n'y a pas de rencontre d'autrui qui, à condition d'échapper au pouvoir du Même ou de la Différence, ne puisse à son tour engendrer la Conscience.

Une telle naissance est cependant contextualisée par l'évolution dans laquelle elle s'inscrit. On peut repérer sur cette *Table des déductions* les dyades (3-3) dans la deuxième colonne, la troisième colonne, ainsi de suite, et de même les triades (3-3-3). Il est ainsi possible de connaître les différents contextes de leur apparition. Or, chacun de ces contextes peut déterminer une évolution qui va dans le sens de la plus grande humanité ou contre elle. Par exemple la lumière sur un porte-lumière ennemi de la lumière a été appelée Lucifer (1-1-3-3).

---

[39] Voir *infra*, p. 49.

Cependant, si l'on peut considérer tout événement en lui-même, on peut aussi le confronter à d'autres événements. Entre eux se produira une relation d'homogénéisation ou d'hétérogénéisation ou une relation contradictoire, qui, si elle est reproduite de façon symétrique, donnera naissance également à une conscience commune. Du rapport de ces dyades ou triades entre elles naît une conscience critique capable de relativiser leurs conditionnements et de neutraliser leurs aliénations.

Le dialogue met donc toute contextualisation en question et permet d'éviter que l'Esprit puisse être capturé par le Pouvoir. C'est ici que se propose le travail révolutionnaire. Rien ni personne n'empêche la relation (3-3-3) de se déployer souverainement, mais la conscience révolutionnaire n'est pas rivée à un devenir contradictoriel. Elle embrasse le monde et le transforme, et protège la nature elle-même. Nous le voyons bien aujourd'hui : elle doit prendre en charge les limites de la terre et parer au désastre écologique provoqué par l'économie capitaliste, comme si lui incombait non seulement son propre destin mais aussi de donner son âme à l'univers.

		1	1 3 2
	1	3	1 3 2
		2	1 3 2
		1	1 3 2
1	3	3	1 3 2
		2	1 3 2
		1	1 3 2
	2	3	1 3 2
		2	1 3 2
		1	1 3 2
	1	3	1 3 2
		2	1 3 2
		1	1 3 2
3	3	3	1 3 2
		2	1 3 2
		1	1 3 2
	2	3	1 3 2
		2	1 3 2
		1	1 3 2
	1	3	1 3 2
		2	1 3 2
		1	1 3 2
2	3	3	1 3 2
		2	1 3 2
		1	1 3 2
	2	3	1 3 2
		2	1 3 2

Sur des systémogenèses différentes apparaissent des relations (3-3), c'est-à-dire des consciences qui peuvent interagir entre elles notamment de façon contradictorielle (3) et constituer un maillage spirituel. Serait-il capable de maîtriser l'évolution du monde ?

Charles F. Jalabert, *Œdipe et Antigone* ou *La peste de Thèbes,* (1842)

Musée des Beaux-Arts de Marseille.

Les origines anthropologiques de la réciprocité

Conférence publiée dans *Éducation Permanente*, n° 144, Arcueil, 2000-3.

-

Toutes les Traditions fondent la société sur la Prohibition de l'inceste, l'interdiction du *Même.* Mais lorsque le *Différent* se présente sous une forme radicale, c'est alors lui qui est condamné. Ainsi, ce qui se décline sur le mode de la *Différence absolue* est frappé du même interdit que l'*Identité absolue* : tabou sur les relations des hommes avec les étrangers qui seraient si différents qu'ils pourraient êtres considérés comme des animaux. Interdire le *Même* ou interdire la *Différence absolue* peut s'entendre comme deux applications d'une loi plus générale : la prohibition de ce qui s'affirme comme logiquement « non-contradictoire ». Et cette double prohibition conduit à la relativisation du Différent par le Même et du Même par le Différent, pour engendrer une résultante en elle-même contradictoire qui intéresse immédiatement la pensée, l'énergie psychique.

C'est alors qu'intervient la *réciprocité* : chaque partenaire d'une relation réciproque agissant et subissant à la fois accède à une situation où chacune de ces dynamiques antagonistes (agir et subir), chacune en elle-même non-contradictoire, est relativisée par l'autre, de sorte qu'elles se métamorphosent l'une l'autre au moins en partie en une *énergie réfléchie sur elle-même*, une énergie psychique. Cela veut dire que les réflexes, instincts, activités des sens ne sont plus orientés par une finalité biologique aveugle, mais qu'ils sont réfléchis sur eux-mêmes en une conscience de ce qu'ils sont et de leur finalité. Cette métamorphose est l'avènement de ce que les Traditions appellent la *révélation*. Mais surtout, la réciprocité permet que la conscience qui résulte de cette métamorphose appartienne simultanément autant aux uns qu'aux autres.

Dans les grands récits historiques, les forces physiques et biologiques de la nature sont dites aveugles, chaos des origines, ténèbres. De ce chaos surgit la lumière. Et cette lumière (spirituelle) a une efficience spécifique (même si cette efficience n'est sans doute que l'équivalent de l'efficience des énergies antagonistes mises en jeu pour lui donner naissance). Par elle, la conscience se nomme et nomme la nature. Aussitôt, la conscience affronte les forces qui ne participent pas de la réciprocité. Et c'est pourquoi la réciprocité constitue un seuil, le seuil entre la nature et la culture.

Des prestations totales aux structures élémentaires de la réciprocité

Presque toutes les activités des hommes sont soumises au principe de réciprocité. À l'origine, elles sont confondues dans la même matrice et sont appelées, depuis Marcel Mauss, des « prestations totales ». Mais lorsque la réciprocité se spécialise, chacune acquiert son propre sens. Selon Lévi-Strauss, c'est en termes de réciprocité d'alliance matrimoniale et de filiation que les hommes organisent leurs premières communautés. Il est interdit de se marier avec ses consanguins (frères et sœurs). Il est aussi interdit à deux générations différentes d'épouser le même conjoint (les enfants, leurs parents). Puis le principe est appliqué selon d'autres normes que la parenté biologique.

L'alliance matrimoniale, dans les sociétés primitives, est en général une relation de réciprocité binaire : on la dit de réciprocité restreinte. Elle peut, il est vrai, se transformer en réciprocité généralisée (dite aussi *ternaire* car trois prestations suffisent à symboliser le cycle). La filiation est exclusivement ternaire : les parents engendrent des enfants qui engendreront à leur tour. On peut donc classer les structures élémentaires de la réciprocité en deux groupes : *réciprocité binaire* et *réciprocité ternaire* ; le groupe de la réciprocité binaire à nouveau en deux : le *face-à-face* et le *partage*.

Par ternaire, on entend une relation où l'on agit sur un partenaire et où l'on subit d'un autre partenaire. La chaîne est donc ininterrompue et se referme soit en réseau, soit en cercle. Elle peut être linéaire ou bien, lorsqu'un seul partenaire sert d'intermédiaire à tous les autres, on la dit centralisée. Il existe enfin des structures intermédiaires entre les structures élémentaires.

Certaines de ces structures sont données conjointement dès l'origine, comme la filiation et l'alliance, tandis que d'autres s'excluent, comme la réciprocité linéaire (dite aussi horizontale) et la réciprocité centralisée (dite aussi verticale ou redistribution)[40].

Chacune de ces structures élémentaires est la matrice d'un sentiment spécifique (le face-à-face, de l'*amitié* ; la réciprocité ternaire, de la *responsabilité*, etc.). Et le sentiment d'humanité engendré au niveau d'un *système* de réciprocité sera différent de celui créé dans un autre *système*. Si toutes les valeurs sont universelles, l'humanité est plurielle.

L'origine des deux Paroles politique et religieuse

Lorsque la réciprocité permet une relativisation de soi et d'autrui qui tend vers un état intermédiaire équilibré, le résultat est un sentiment d'appartenance à une humanité commune. Mais lorsque cette relativisation est déséquilibrée par l'un des pôles qui domine l'autre, ce sentiment reflète les caractéristiques du pôle opposé ! Par exemple, le donateur (qui perd ce qu'il donne) aura le sentiment d'acquérir la valeur d'humanité : le prestige, tandis que le donataire qui reçoit aura le sentiment de « perdre la face ». D'où pour lui le désir de reconquérir du prestige, qui se

[40] D. Temple, « Les structures élémentaires de la réciprocité », *La revue du M.A.U.S.S.*, 2e sem., n° 12, 1998 ; lire *infra*, p. 71-85.

traduit par l'obligation de réciprocité, l'obligation de redonner.

Or, la *Parole* s'exprime en empruntant à la nature ses propres signifiants. Il existe désormais deux incarnations possibles de la conscience : l'une qui utilise pour signifiant logique la *Différence* et l'autre l'*Identité.* L'expression par la Différence, l'anthropologie y fait référence sous le nom de *principe d'opposition,* et l'expression par l'Identité, sous le nom de *principe d'union.* Il s'agit, en fait, des fondements de deux Paroles[41], que nous définirons comme *Parole politique* et *Parole religieuse.*

L'imaginaire de la Parole d'opposition : l'honneur et le prestige

Toutes les sociétés sont construites à partir de ces deux *formes* de réciprocité : *positive,* la réciprocité des dons, et *négative,* la réciprocité de vengeance, qui peuvent se relayer directement puisqu'elles sont équivalentes du point de vue de la réciprocité.

On ne peut échanger une part d'une structure par une part de l'autre structure, mais un terme de leur relation peut être remplacé par un équivalent symbolique, la *compensation* ou la *composition* (on dit aussi un gage). Et lorsque leurs symboles sont identiques, les deux structures peuvent se substituer l'une à l'autre par l'intermédiaire de ce gage. Dès lors, les sociétés donnent le plus souvent la préférence à la réciprocité positive et reportent la réciprocité négative à leur périphérie.

---

[41] D. Temple, *Les deux Paroles*, *op. cit.*

Le prestige et l'honneur illustrent le sentiment d'humanité créé par la réciprocité des dons ou de vengeance, mais ils polarisent dans leur non-contradiction respective la reproduction du cycle, d'où la *dialectique du don*[42] et la *dialectique de la vengeance*[43]. Dans chacune de ces dialectiques, la relation contradictoire fondamentale (amitié-inimitié) demeure, mais elle est déséquilibrée en faveur soit de l'une, soit de l'autre, de sorte que chaque nouveau cycle dialectique permet de l'amplifier. La dialectique et l'imaginaire qu'elle développe (le prestige ou l'honneur) est donc normalement concomitant de la croissance du sentiment d'humanité, et au service du symbolique.

Mais puisque l'imaginaire est polarisé de façon non-contradictoire, il peut aussi imposer sa force au symbolique jusqu'à transformer l'autorité de celui-ci en pouvoir du plus fort sur le plus faible. Néanmoins, chacune de ces dialectiques peut se relativiser, et cette relativisation conduit à la réciprocité *symétrique*[44], à l'origine des valeurs éthiques.

La réciprocité symétrique a ceci de remarquable de ne conduire à aucune forme de pouvoir de domination. Elle est le fondement d'une société « plus humaine ».

---

[42] La dialectique du don est due à la compétition pour la plus grande renommée par la surenchère de chaque don. Cf. D. Temple, *La dialectique du don*, Paris, Diffusion Inti, 1983.

[43] Le sentiment d'être humain n'est pas seulement engendré par la réciprocité d'alliance ou la réciprocité des dons, il l'est aussi par la *réciprocité négative* où le rapt répond au rapt, l'injure à l'injure, le meurtre au meurtre. Ce qui importe dans cette *forme* de réciprocité n'est pas de détruire autrui mais de construire avec lui une relation génératrice d'une conscience commune et d'être reconnu par lui comme Homme, fût-ce comme ennemi. Cf. D. Temple, *La réciprocité de vengeance,* collection *réciprocité,* n° 7, 2017.

[44] Temple & Chabal, *op. cit.*

Si la *Parole d'opposition* conduit à différentes formes d'organisation sociale, la *Parole d'union,* au contraire, conduit à une seule organisation. Elle est à l'origine de la religion, et oppose à l'honneur et au prestige un autre imaginaire : le sacré.

On peut distinguer deux structures élémentaires de réciprocité qui donnent naissance à la Parole d'union : le *partage*, qui produit la confiance, et la *redistribution,* la réciprocité ternaire centralisée dans laquelle les membres de la communauté sont tous reliés entre eux par un seul intermédiaire qui devient le centre de la redistribution et l'autorité suprême. Lorsque le centre se consacre à la redistribution des valeurs spirituelles, la confiance des fidèles se transforme en sujétion (obéissance et soumission[45]).

Toutes les sociétés tentent de concilier la Parole d'opposition avec la Parole d'union, et l'on voit apparaître une triade – la triade du *pouvoir* – le guerrier et le régisseur d'un côté, et le prêtre de l'autre : Achille, Agamemnon et Calchas, que célèbre Homère dans L'*Iliade*. Une triade qui

[45] Le souverain pontife de l'Église catholique apostolique et romaine a tout récemment ajouté au symbole de Nicée (le *Credo* des chrétiens) un article qui témoigne de cette focalisation extrême : « De plus, j'adhère d'une obéissance scrupuleuse de la volonté et de l'intelligence aux doctrines qu'énoncent le Pontife romain ou le Collège épiscopal lorsqu'ils exercent leur Magistère authentique même s'ils n'ont pas l'intention de les proclamer dans un acte définitif. » Actes du Saint Siège, l'Osservatore Romano, 25 février 1989, *La documentation Catholique*, n° 1982, 16 avril 1989.

assura l'ossature de la civilisation occidentale jusqu'au XVIIe siècle et que les historiens décrivent sous divers statuts, par exemple : le clergé, la noblesse et le tiers état ou le chevalier, le laboureur, le prêtre[46]. Mais dans de tels systèmes, un homme qui ne participe d'aucune relation de réciprocité ou qui ne peut y participer n'est plus considéré comme humain. Les trois imaginaires, l'honneur, le prestige et le sacré impliquent donc négativement un quatrième référent : l'infra-humain, qui explique dans les anciens régimes l'*esclavage*.

Si aucune société humaine n'ignore les deux Paroles, chacune donne tantôt la préséance à l'une, tantôt à l'autre. Dans les sociétés amérindiennes des Andes, par exemple, la lignée masculine est responsable de la Parole d'opposition, la lignée féminine de la Parole d'union. Dans la civilisation européenne, la Parole politique domine et la parole issue de la réciprocité négative l'emporte sur la parole issue de la réciprocité positive (les chevaliers deviennent seigneurs et les laboureurs serfs). Au XIe siècle, la Parole religieuse prend l'avantage. Le pape sacre les rois et inféode leurs prérogatives jusqu'à valider ou invalider leurs alliances matrimoniales !

Dans chaque ordre politique ou religieux un débat interne oppose la dynamique du non-contradictoire à sa relativisation contradictoire : pouvoir et liberté, imaginaire et symbolique, loi et genèse. L'antinomie entre le non-contradictoire qui prétend au pouvoir et la relativisation de celui-ci pour engendrer la liberté est irréductible. Elle n'est pas seulement la question des origines, elle est une

---

[46] Georges Dumézyl, *Mythe et Épopée I. II. et III.*, Paris, Gallimard, 1968-1971-1973, rééd. 1995. Lire aussi à ce sujet Georges Duby, *Le chevalier, la femme et le prêtre,* Paris, Hachette, 1981.

constante de l'histoire. Et lorsque le non-contradictoire domine, l'idéologie devient meurtrière et voue les Indiens au service domestique, les hérétiques à la torture, les Noirs à l'esclavage, les Juifs à l'enfer, et les exclus à la mort.

Pour les deux Paroles, l'épreuve est en effet difficile car elles doivent rendre compte l'une et l'autre du sentiment d'humanité créé par la réciprocité au niveau du *réel* (le premier niveau[47] de réciprocité) et au niveau du langage (le deuxième niveau de réciprocité), et sont dès lors menacées d'être happées par la logique non-contradictoire de leurs signifiants (l'union et l'opposition).

Le fétichisme

Mais pourquoi l'imaginaire emprisonne-t-il le symbolique ? Pourquoi le pouvoir s'empare-t-il de la liberté ? Lewis Hyde[48], dans son interprétation d'un texte célèbre de la littérature anthropologique (l'enseignement du sage

---

[47] *Réel, imaginaire, symbolique* sont les trois niveaux d'actualisation du principe de réciprocité. Le *réel* convoque les activités biologiques : se nourrir, se reproduire, etc. La réciprocité qui mobilise ces activités produit les premiers sentiments révélés comme conscience humaine et références communes à tous les partenaires. L'expression de ces sentiments par la Parole superpose au réel une deuxième sphère de relations tributaires de l'*imaginaire* dans lequel se déploie la Parole. La relativisation de l'imaginaire conduit à des valeurs universelles : c'est le troisième niveau, celui du *symbolique*. Aucun de ces niveaux n'est indépendant de l'autre. Cf. D. Temple, « Les niveaux de réciprocité » (2008), [en ligne].

[48] Lewis Hyde, *The Gift,* New York, 1979.

Maori Ranaipiri), nous en donne une idée. Tel que le raconte Mauss dans son *Essai sur le Don*[49], Tamati Ranaipiri voulait décrire à Elsdon Best, un ethnologue anglais, les rapports de l'homme maori avec la nature. Ranaipiri se réfère à une relation entre les hommes, une relation de réciprocité généralisée (la plus commune de toutes les relations de réciprocité) : « Supposons, dit en substance le sage Maori, que tu me donnes un cadeau et que je le transmette à un tiers ; lorsque celui-ci s'avisera de me rendre par réciprocité un autre cadeau, je ne pourrai le garder pour moi car il est juste que je te le redonne : ce cadeau est le *hau* du tien (le *hau* : prestige que t'a mérité le cadeau que tu m'as fait), et il ne serait pas juste de le garder pour moi, je pourrais en mourir ».

Or, voici que Ranaipiri imagine une relation de réciprocité ternaire entre le chasseur, lui-même et la forêt[50] : la forêt donne des oiseaux au chasseur, le chasseur à Ranaipiri, qui redonne à la forêt un oiseau avec en plus ce qu'il appelle le *mauri*, une représentation du prestige (*hau*) que génère le don. C'est de sa position intermédiaire entre la forêt et les chasseurs, qui lui assure d'être *à la fois* donateur et donataire (une situation donc contradictoire), que le sage Maori acquiert un sentiment de *responsabilité*. Il exprime un tel sentiment de responsabilité en confectionnant le *mauri*, symbole de l'esprit du don (le *hau*). Ranaipiri remet le *mauri* à la forêt pour que le cycle de la

---

[49] Mauss, « Essai sur le don », *op. cit.*, p. 158-159.

[50] À une différence près : la relation entre les hommes est *bilatérale*, engendrant la justice en plus de la responsabilité, tandis que la relation avec la nature est unilatérale, engendrant seulement la responsabilité. Mais cette différence n'a pas d'incidence sur la démonstration qui vise à distinguer la *réciprocité* de l'*échange*.

chasse se reproduise. Il crée donc une chimère de réciprocité dont il peut tirer un esprit (le *hau* de la forêt), avec lequel il enchante le monde.

Lewis Hyde observe que les Maori invitent la forêt dans cette matrice, mais aussi les rivières, la terre, le ciel, l'univers, puis l'au-delà qu'ils appellent le mystère, enfin les esprits eux-mêmes. L'objectif de cette fuite dans le mystère est sans doute d'éviter que la réciprocité ne puisse être récupérée au bénéfice d'un premier donateur car aussitôt elle se réduirait à ce qui pourrait s'interpréter comme un don calculé dans son intérêt, en somme un *échange*.

Mais voilà que les ethnologues occidentaux confondent l'esprit du don avec le donateur lui-même, font de l'esprit du don celui d'un premier donateur, comme si le *mauri* du *hau* de la forêt était le symbole du donateur et non du *hau*. La réduction de la valeur produite par le don à la représentation du donateur supprime la réciprocité comme matrice de cette valeur et instaure la propriété et l'échange symbolique avec des esprits (fétichisés) ou avec des Dieux.

C'est pour avoir interprété l'esprit du don produit par la réciprocité comme le « moi » du donateur (comme sa propriété) que Marcel Mauss, le principal théoricien français qui s'est inquiété de la réciprocité des dons, a cru que donnant on donnait de soi. Il soutient ensuite que le don de soi ne peut être définitif, qu'il est en réalité inaliénable, et que le retour du symbole à son foyer d'origine serait le ressort de l'échange. Il interprète ainsi le don comme un simple prêt. Il voit dans la vengeance, la preuve de son interprétation : la vengeance viendrait restaurer l'intégrité du donateur lorsque le prêt ne serait pas restitué. Il suffirait de séparer les choses de leur valeur symbolique pour qu'elles puissent s'échanger selon des critères objectifs. Fourvoyée dans cette impasse, la théorie de la réciprocité est restée longtemps inexplorée au bénéfice de celle de l'échange.

Le fétichisme de l'honneur

De la réciprocité de vengeance naît le sentiment de l'*honneur*, et comme dans la réciprocité des dons l'esprit du don, l'esprit de la vengeance a une efficience, efficience libre de toute détermination, un pur esprit donc.

Le fait de reconnaître une toute-puissance à l'esprit ou aux esprits de la vengeance permet d'exclure toute appropriation privée de l'honneur, comme le fait de rapporter aux esprits le don permet aussi de rendre impossible tout premier donateur. Réserver aux esprits ou aux Dieux d'être les *premiers donateurs* signifie reporter l'origine du cycle dans l'infini et empêcher quiconque de prétendre au primat de son pouvoir. Mais le renversement fétichiste peut avoir lieu comme dans la réciprocité des dons, et l'*honneur*, l'imaginaire de la vengeance, devient alors la propriété du plus grand guerrier.

Le fétichisme du sacré

On peut aussi envisager le fétichisme dans la Parole d'union. Pharaon, par exemple, représente pour Moïse la Parole d'union close sur elle-même et devenue totalitaire ; la fuite d'Égypte représente la relativisation de la Parole d'union par une sortie d'elle-même pour engendrer, de par sa relation avec son contraire, l'inconnu, la terre promise.

Nous retrouvons toujours le dilemme entre ce que nous avons plusieurs fois indiqué sous le terme de non-contradictoire et de Contradictoire, ici plus précisément entre l'imaginaire nécessaire pour proclamer le bien-fondé des valeurs acquises (l'imaginaire de Pharaon) et le symbolique qui procède à la relativisation de l'imaginaire dans le creuset d'une nouvelle relation Contradictoire pour engendrer une valeur supérieure (Moïse).

Le problème du Mal et le fétichisme

L'objectivation de la valeur produite par la réciprocité conduit au renversement fétichiste : ce n'est plus la réciprocité de meurtre qui engendre l'honneur, c'est l'honneur devenu la divinité de la vengeance qui dicte le meurtre. Ce n'est pas la réciprocité des dons qui produit le prestige, mais le prestige qui ordonne le don. Le cycle de la réciprocité est renversé et conduit à une compétition de pouvoirs ou encore une relation doublement unilatérale – un échange intéressé entre divers concurrents. Dans cet échange, il ne se produit plus aucune valeur spirituelle, mais elle est postulée déjà constituée et possédée par chacun des partenaires. Aussitôt, la liberté engendrée par la réciprocité se transforme en sujétion des hommes à ces valeurs innées, c'est-à-dire en soumission à la Parole qui monopolise et se prétend le gardien des valeurs constituées. Dans la Tradition religieuse, le fétichisme est dit la *Tentation du Diable.* La Tentation du Pouvoir est due à une représentation non-contradictoire du sacré.

La réciprocité ne connaît pas le Mal car c'est la non-réciprocité qui invente le Mal : la non-réciprocité appelle « le Mal » tout ce qui pourrait corrompre sa représentation non-contradictoire. Paradoxe[51] ! Car c'est bien ce qui nous paraissait être l'avènement de la conscience qui est désormais appelé le Mal. C'est en réalité celui qui invente le Mal qui doit être dit le Mal. Toujours le même dilemme : le non-contradictoire affronte le Contradictoire.

Aperçu sur la contradiction de l'échange et de la réciprocité

Nous avons dit que faire de l'*esprit du don* un premier donateur est typique du fétichisme. Dans un système religieux, ce premier donateur devient Dieu, et c'est à Dieu qu'est due toute gloire. Cette aliénation atteint à son paroxysme en Europe. Le Dieu cumule un tel pouvoir que

---

[51] Soyons attentifs au paradoxe ! Tout ce qui s'oppose à la *Parole d'union* devenue totalitaire est déclaré le Mal. Mais si l'on se place du point de vue de la *Parole d'opposition*, il en va de même. Un tel aveuglement mutuel souligne à quel point les deux Paroles s'excluent : chacune prétend être seule capable de rendre compte de la vérité ; ce qui est proclamé libération chez l'une est déclaré asservissement chez l'autre, et réciproquement. D'une manière générale, toute personne qui agit au nom de valeurs constituées est devant un problème difficile face à la réciprocité. Ses références, souvent fétichisées dans un imaginaire particulier ou archaïque, doivent affronter la genèse de valeurs nouvelles par les jeunes générations. La Parole qui ne se réalise pas en termes de réciprocité, qui ne reproduit pas la réciprocité à son propre niveau, celui du langage, et qui se réduit à la signification de valeurs constituées, n'est pas créatrice de nouvelles valeurs.

l'homme se réduit à l'état de nature : il est même dit « prédestiné »... Tout ce qui relève du spirituel est en effet réservé à Dieu. Dès lors, une économie réduite aux lois naturelles paraît légitime pour construire la cité *terrestre.* C'est l'heure de l'*échange,* désormais choisi comme référent. Il réalise l'égalité des choses entre elles, une égalité qui se comprend comme leur complémentarité en vue de leur efficacité maximum. En somme, il mesure leur utilité. Voilà une nouvelle puissance qui remplace l'honneur, le prestige et le sacré : l'*utilité.*

Ce principe est universel parce qu'objectif, et d'une certaine façon rationnel, si l'on réduit la raison au calcul. Mais plus de matrice, plus de genèse. L'esprit n'est plus nourri, il dépérit. Qui dit *utilité* s'approche en effet du dilemme entre le Contradictoire et le non-contradictoire. L'utilité se conçoit-elle au bénéfice du privé ou de la société tout entière ?

L'échange est certes neutre, mais il définit l'utile en termes de forces et donc au plus grand bénéfice du Pouvoir. Si l'échange, en effet, peut être dit aveugle, l'intérêt auquel il est subordonné, lui, ne l'est pas, qu'il soit privé ou collectif. La société est alors obligée d'inventer le *contrat social* pour maîtriser le retour de la violence, contrat qui implique néanmoins la réciprocité entre les hommes, d'où son ambiguïté.

D'un côté, le libre-échange délivre tout un chacun des sujétions à l'honneur, au prestige et au sacré. D'un autre côté, il contraint à faire fonctionner l'économie utilitariste aussi efficacement que possible au service du plus fort. La démocratie politique dans la société occidentale est un correctif nécessaire au libre-échange, mais elle suppose des individus doués d'un idéal du Bien prédéfini.

La Parole paraît avoir exprimé d'abord le sentiment d'appartenance à une humanité commune. « Nous voici les Hommes » est le nom que se donnent d'innombrables communautés humaines. L'humanité semble s'être passionnée pour la conscience affective. Sa première ambition fut sans doute partout de se libérer de la nature et de s'affirmer pas ses chants, ses danses et ses parures. Le souci de la connaissance du monde vient semble-t-il beaucoup plus tard. Or, dans l'expérience affective, la conscience se tourne vers le Contradictoire, dans celle de la conscience objective, elle se tourne vers le non-contradictoire : aussitôt, il est tentant de croire que toute chose est non-contradictoire.

La nomination des choses reconnaît une non-contradiction dans les choses qui vaut pour l'usage que l'on en fait mais postule qu'elle définit la chose pour elle-même. Ce qui est un mode de connaissance (la logique de non-contradiction) et de communication entre les hommes, un *organon,* est transféré au monde : l'énergie, la lumière, par exemple, est interprétée au XIXe siècle comme un système d'ondes et non comme la sensation du voir provoquée par l'interaction de ces ondes avec la matière vivante. La matière est attribuée à un système d'atomes et non à la sensation de la dureté, qui, elle, relève de l'affectivité produite également par le rapport du vivant au monde. Mais surtout, c'est la conscience éthique qui se trouve écartée des relations des êtres humains par cette logique, puis les relations de réciprocité elles-mêmes au profit de rapports de force.

La science classique a imaginé le monde à partir de l'idée de non-contradiction et elle a voulu exclure le Contradictoire de son champ d'analyse. La logique de référence de la société occidentale dite rationnelle est en effet fondée sur le principe d'identité, sur le principe de non-contradiction et sur le principe du tiers exclu[52]. Ce qui était précédemment objet de tous les désirs, le symbolique pur ou la conscience affective, fut même disqualifié par la raison scientifique lors de son heure de gloire positiviste, qui devint alors un précieux auxiliaire de la théorie utilitariste développée pour justifier le système capitaliste jusqu'à une date précise : 1900. Max Planck montre que le rayonnement est continu ou discontinu, selon le processus

---

[52] Le principe d'identité (*A* est *A*) implique l'exclusion du Contradictoire, mais c'est le deuxième principe, dit « principe de contradiction », qui l'explicite : *Deux propositions contradictoires entre elles ne peuvent être vraies ensemble.* Enfin, le principe du Tiers exclu précise que ce qui est exclu est ce qui est *en soi contradictoire* : si tous les possibles sont impliqués dans l'une ou l'autre de deux propositions contradictoires entre elles, il n'existe pas de tierce proposition entre ces contradictoires. Les logiques modernes impliquent d'innombrables valeurs mais souscrivent également toutes à l'exclusion de ce qui est *en soi contradictoire.* Ce qui est *en soi contradictoire* est la $n+1^{ème}$ valeur exclue des logiques à n valeurs. Il fallait par conséquent concevoir une logique du Contradictoire lui-même, ce qu'a proposé Stéphane Lupasco. Lire à ce sujet de D. Temple, « Le principe d'antagonisme », Congrès International sur Stéphane Lupasco, *Bulletin Interactif* du CIRET, n° 13, mai 1998 ; rééd. dans *Stéphane Lupasco : L'homme et l'œuvre,* Monaco, éd. du Rocher, 1999.

expérimental avec lequel on l'appréhende, mais n'osera jamais croire qu'il est donc en lui-même contradictoire ($h\ \nu$) (h est la valeur discontinue, ν la valeur continue qui lui est contradictoirement associée). L'interaction avec l'appareil de mesure choisi actualise une non-contradiction donnée ou l'autre, mais à partir d'une entité indéchiffrable en termes de non-contradiction. Vingt ans plus tard, toute énergie, toute matière de l'univers sera reconnue selon la même nouvelle perspective (*quantique*, dira-t-on, c'est-à-dire sans que personne n'ose prononcer le terme de « Contradictoire »).

La Physique ne met pas fin à l'appréhension du monde en termes de non-contradiction, ni à l'idée que la force serait la traduction de la nature physique, ni même à l'idée qu'il puisse être utile d'organiser certaine partie de la vie matérielle selon des rapports de force. Mais l'expérience dément les postulats de la science positiviste du XIXe siècle. Même si les idées nouvelles doivent faire face à une forte inertie des idées reçues, le Contradictoire est désormais reconnu partout au cœur de ce qui est non-contradictoire, et le non-contradictoire s'avère être l'un ou l'autre des deux pôles du Contradictoire. Du coup, la science change d'attitude. Elle n'est plus asservie à la non-contradiction logique des principes qui ont organisé la société. Elle ne pense plus le monde en termes seulement matériels ou énergétiques. Elle s'inquiète des dimensions propres à l'homme car elles sont déjà inscrites au cœur de la nature. Elle devient hostile à tout fétichisme et même à tout imaginaire, et elle accepte que sa visée sur le monde se redouble d'une autre visée sur l'homme, elle en comprend l'antinomie. Elle respecte les valeurs éthiques comme faisant partie intégrante de ses fondements à côté de la connaissance.

La réciprocité symétrique dans les temps modernes

Mais les choses vont plus loin. La métamorphose du chaos des origines en énergie spirituelle (des ténèbres en lumière) est, avons-nous dit, un préalable à l'*avènement de la Conscience.* Nous avons interprété le sacrifice originel comme la représentation de cette consumation des forces physiques et biologiques de la nature dans le creuset de la réciprocité pour engendrer le spirituel. Aussitôt, l'efficience de cette conscience (le V*erbe*) nomme les choses, leur imposant une définition et un ordre selon une logique de non-contradiction avec le principe d'opposition ou le principe d'union. Or, à partir de Planck, cette double intuition a rencontré l'expérience : les dynamismes à polarité non-contradictoire mais antagonistes entre eux peuvent s'annihiler pour créer du Contradictoire, et ce même Contradictoire peut se transformer en non-contradictoire. Pour quoi faire ? Créer de l'information utile au déploiement de sa propre dynamique, comme le disent les neuro-biologistes ?

Il est au moins possible de maîtriser trois systèmes d'information : l'information physique, l'information biologique (dont fait partie le code génétique) et bientôt l'information quantique. C'est ici peut-être qu'un seuil nouveau se présente : le psychique n'est pas réductible à quoi que ce soit d'*objectif.* Il est *Subjectif* (avec un grand S), et cette Subjectivité est l'enjeu de l'humanité. Libérée de toute entrave physique ou biologique, cette énergie psychique est la conscience de l'homme. Or, nous participons tous à la création du réseau mondial de cette information immatérielle, Parole de tous adressée à tous et disponible pour tous de façon permanente et gratuite. Cette « gratuité » de la parole de chacun à tous et de tous pour chacun est la *réciprocité symétrique*[53], une réciprocité délivrée des imaginaires qui l'emprisonnaient et qui l'asservissaient au Pouvoir. La réciprocité s'échappe du deuxième niveau de la réciprocité, celui de l'imaginaire, et se construit à un troisième niveau, un niveau de lumière spirituelle et de valeurs éthiques.

*

[53] Cf. Temple & Chabal, *op. cit.* Lire aussi de D. Temple, « Raison et naissance de la réciprocité symétrique » (2009), [en ligne].

LE PRINCIPE DU CONTRADICTOIRE ET LES STRUCTURES ÉLÉMENTAIRES DE LA RÉCIPROCITÉ

Publié dans *La revue du M.A.U.S.S.*, n° 12, Paris, 1998.

-

La Matière contient en Puissance les Contraires, dit Aristote, dans sa *Métaphysique* :

> « Ainsi, trois sont les causes, trois sont les principes : deux constituent un couple de contraires dont l'un est définition et forme, et l'autre privation, le troisième principe est la matière[54]. »

Cette matière primordiale, indéterminée, a été remise à l'honneur par la Physique quantique. Les découvertes de Planck, Einstein, de Broglie, etc., révèlent que la structure fine de l'univers n'est ni continue ni discontinue mais capable de se manifester comme continue ou comme discontinue selon l'expérience qui la mesure. De plus, aucun phénomène ne peut atteindre une non-contradiction absolue. Il est toujours lié par un *quantum* d'antagonisme à

[54] Aristote, *La Métaphysique,* Paris, Vrin, 1962.

son contraire. Les relations de Heisenberg illustrent cette limite. Bohr proposa que les mesures par lesquelles on peut rendre compte de la nature des choses soient dites *complémentaires* (le « principe de complémentarité » de Bohr). Lupasco a proposé un autre principe, le « principe d'antagonisme » : *tout phénomène qui s'actualise est conjoint à un antiphénomène qui se potentialise.* Entre les actualisations-potentialisations antagonistes apparaît une troisième polarité, celle du *Contradictoire.*

Dans les événements *Contradictoires*, toute actualisation est annihilée par son contraire. Toute matière ou énergie s'efface. À leur place naît ce que les physiciens appellent l'énergie du vide, le vide quantique. De même, toute potentialisation est annihilée par son contraire. Lupasco interprète alors la potentialisation comme une *conscience élémentaire.* Dans le Contradictoire, les consciences élémentaires se relativisent l'une l'autre pour céder la place à une *conscience de conscience.* L'énergie du vide peut elle-même être envisagée comme une conscience de conscience primitive.

Si les consciences élémentaires se relativisent totalement, ce qui est *en soi contradictoire* est sans horizon, sans limites. Quel statut accorder à ce « moment Contradictoire » sinon celui de *liberté* – une liberté pure puisque dénuée de toute finalité hors d'elle-même ? Cette liberté n'est pas la liberté de faire ou non quelque chose mais une libération de la *conscience de conscience* vis-à-vis des forces de la nature mises en jeu pour lui donner naissance.

Cette liberté serait sans doute une expérience du néant si elle ne s'éprouvait elle-même comme l'*affectivité.* Or, une telle liberté, sans relation à quoi que ce soit d'autre qu'elle-même, a nécessairement le caractère de l'*absolu.* Que le *Contradictoire* soit l'*absolu*, voilà qui reste généralement ignoré parce que la manifestation d'un sentiment pur de liberté s'apparaît à lui-même comme sa propre origine. Nous appellerons cette révélation de la conscience à elle-même comme affectivité, la *conscience affective*[55].

La théorie de Lupasco permet donc de conjoindre toute matière biologique et toute énergie physique à une conscience élémentaire, mais elle nous permet aussi de relier la conscience de conscience à l'univers, et enfin de situer l'affectivité au cœur de toute conscience de conscience. Si l'antagonisme s'accroît aux dépens de ses polarités non-contradictoires, cette *conscience de conscience* se déploie. Si l'une des polarités non-contradictoires ne s'efface pas complètement, elle apparaît comme l'horizon de cette conscience de conscience qu'elle définit de façon unilatérale. Nous appellerons une telle conscience de conscience, *conscience objective*. En partant de ces prémisses, nous cherchons à connaître les matrices de la conscience de conscience et à comprendre comment cette conscience peut se libérer des forces qui lui donnent naissance.

[55] La conscience affective résulte d'une orientation des forces mises en jeu pour la produire inverse de celle qui conduit à la conscience objective (la première vers le Contradictoire, la seconde vers le non-contradictoire). De cette différence d'orientation procède l'antinomie entre connaissance et affectivité. Les sensations, les perceptions, les images, etc. du sens commun se présentent bien comme des intermédiaires entre ces deux polarités inverses mais il est difficile d'en systématiser la logique. Pour cela, les scientifiques qui cherchent la connaissance pure et les mystiques qui cherchent l'affectivité pure ont coutume de récuser les uns les références des autres. La poésie néanmoins montre que la vérité leur appartient moitié aux uns, moitié aux autres.

Si l'expérience du Contradictoire reste celle d'une confrontation du vivant avec la mort, la conscience affective se réduit à un sentiment de l'existence éphémère et fragile. L'animal qui apprécie son périmètre de sécurité, immobile entre la perspective de la fuite et celle du repos, l'animal aux aguets, a le sentiment d'une existence libre de toute détermination, mais un sentiment presque toujours immédiatement dominé par l'actualisation de la vie. Cette affectivité demeure rarement en elle-même, et quand cela se produit, par exemple quand le danger ne cesse de menacer un animal sans possibilité de fuite, elle se condense et se fige dans l'angoisse. Plus souvent, les consciences de conscience sont immédiatement supplantées par les consciences biologiques élémentaires. Pour échapper à la contrainte de la vie, il faudrait que le Contradictoire puisse se déployer hors des structures biologiques. C'est l'occasion que lui offre la réciprocité.

Dès lors que le Contradictoire naît de la réciprocité, l'affectivité est commune Elle est néanmoins éprouvée comme un sentiment de l'absolu mais supérieur au sentiment de l'existence propre à chacun. Elle se nommera le *sentiment d'humanité*. Au contraire du sentiment de soi de l'animal, le sentiment d'humanité n'est pas réductible à chacun d'entre nous car il est déterminé par l'existence d'autrui.

Dans la nature, le fait d'agir et celui de subir sont séparés, le prédateur, par exemple, n'est pas en même temps prédateur et proie. Mais la relation de réciprocité permet que chacun des partenaires qu'elle conjoint soit à la fois agent et patient, c'est-à-dire le siège de deux consciences biologiques antagonistes : celle du prédateur et de la proie, de nourrir et d'être nourri… et dès lors qu'elles sont unies par la réciprocité, les consciences élémentaires conjointes aux dynamismes de l'agir et du subir sont à leur tour liées l'une à l'autre par le même antagonisme sans que celui-ci ne soit dominé par la vie.

Les mythes anciens racontent souvent que les animaux et les plantes ont été des êtres humains qui ne surent pas se maintenir dans la matrice de la réciprocité, et qui dégénérèrent sous l'emprise de ce que nous appelons le non-contradictoire, c'est-à-dire chaque fois que les consciences élémentaires deviennent dominantes par rapport à leur antagonisme au point d'être inconscientes d'elles-mêmes.

Le principe de réciprocité et le sens

Les états intermédiaires entre les consciences élémentaires et la conscience de conscience parfaite (révélation de la conscience à elle-même) sont des consciences de consciences telles que l'une des deux consciences élémentaires en jeu domine l'autre. Des deux consciences élémentaires antagonistes, celle qui domine apparaît autour du sentiment qui naît de son antagonisme avec l'autre. Nous l'avons appelée : *conscience objective*. Or, les consciences objectives des partenaires d'une relation de réciprocité sont unies par la même structure. Le Contradictoire nous apparaît au cœur de la conscience de conscience comme le foyer du *sens,* tandis que la polarité non-contradictoire dominante lui donne son objectivité.

Mais celle-ci obéit alors à des règles strictes. Dans de nombreuses langues, l'actif et le passif (tuer et être tué, donner et recevoir, nourrir et être nourri…) sont ainsi exprimés par le même terme dit ambivalent. Aucune confusion n'a lieu tant que les locuteurs participent d'une structure de réciprocité, chacun dans une situation inverse de celle de l'autre. Hors d'un tel contexte, un affixe est nécessaire pour préciser l'action de chacun. Le mot n'en a pas besoin tant qu'il reçoit son sens dans une relation de réciprocité à partir de l'antagonisme des deux consciences élémentaires de l'agir et du subir.

Autre exemple : puisque dans la réciprocité l'objectivité qui naît à l'horizon du sentiment de l'un des deux partenaires est l'inverse de celle qui naît à l'horizon du sentiment de l'autre, chaque conscience objective est logiquement définie par ce qui caractérise la réalité d'autrui. Ainsi, le sentiment de soi est-il perçu par le *donateur* comme une *acquisition,* le prestige, alors qu'il est perçu par celui qui *acquiert* le don comme une déperdition, le donataire « perd la face ». Le sentiment d'humanité né de la réciprocité a pour horizon objectif la conscience élémentaire conjointe à l'actualisation dominante. *Donner* est conjoint à la conscience élémentaire *recevoir.* La conscience élémentaire conjointe à l'actualisation dominante devient l'horizon de la conscience de conscience et devient une conscience objective.

Mais pour chacun des partenaires de la réciprocité, la conscience dominée devient à son tour dominante lorsque sa position s'inverse, par exemple lorsque le donateur devient donataire. Les deux consciences objectives antagonistes se métamorphosent donc l'une en l'autre lorsque les partenaires inversent leur rôle. On ne peut pas avoir la conscience d'acquérir du prestige lorsque l'on donne sans avoir celle de « perdre la face » lorsque l'on reçoit puisque la réciprocité implique ici l'alternance ou la symétrie de la position de chacun. Ainsi s'éclaire l'*obligation* que Mauss avait remarquée pour chacune des prestations vis-à-vis de son opposée : pour le donateur la nécessité de *recevoir,* et pour le donataire l'obligation de *donner.* Cette obligation n'est autre que l'efficience du *sens* qui s'impose aux deux partenaires de la réciprocité. *Donner* se conçoit en même temps que *recevoir,* et réciproquement. L'obligation majeure de la réciprocité, l'*obligation de rendre* est l'obligation du *sens* pour les deux prestations de *donner* et *recevoir.*

La « métamorphose » et le « sacrifice »

Le sentiment pur au cœur de toute conscience de conscience requiert la métamorphose complète des consciences élémentaires mobilisées par la réciprocité, une métamorphose qui n'est cependant pas une destruction : les consciences élémentaires sont appelées à se « neutraliser », en quelque sorte, pour donner vie à l'être. Tout ce qui entre dans le cercle de la réciprocité devient matériau de la conscience humaine, matériau de la révélation, et sert à produire du *sens*, tandis que ce qui lui reste extérieur demeure *chaos des origines.*

Cette transformation est décrite dans certaines Traditions comme celle des forces aveugles de la nuit primitive en la lumière du jour ou comme la transformation d'une conscience confuse en sagesse. La nature qui est engagée dans la relation de réciprocité est alors dite

« humaine », la terre « nourricière » ou « mère », par exemple. Parfois les animaux eux-mêmes sont postulés « humains » parce qu'ils entrent dans un cycle de réciprocité. Pour les Amérindiens du Nord, les *hommes-saumons* qui vivent dans l'océan offrent chaque année des *poissons-saumons* aux hommes de la terre.

Que la métamorphose soit la consumation des forces aveugles de la nature en l'apparition de la conscience humaine, c'est ce que met en scène l'imaginaire des hommes avec le *sacrifice*. Les fruits, les animaux, l'enfant lui-même qui ne parle pas, le prisonnier ou l'esclave signifient la « nature » qui doit être sacrifiée pour que naisse l'« Esprit ». L'efficience de cet Esprit, la *grâce*, substance affective, neutre, présence irréductiblement autre, ne peut venir de nulle part ailleurs que de l'au-delà de la nature, du « mystère ».

Dans de nombreux rituels, la flamme et la fumée représentent l'immatérialité de l'Esprit. La flamme symbolise l'affectivité parce qu'elle produit une sensation de chaleur, mais elle symbolise aussi l'illumination de la conscience de conscience parce qu'elle éclaire. Cendres, la fumée rappelle les traces de la nature mise en jeu. Mais elle est aussi une vapeur qui devient l'eau du ciel associée à l'idée d'une grâce qui tombe d'en haut, rafraîchissante et féconde. Captée dans le souffle de l'homme, elle peut être communiquée à autrui comme signifiant de la vie spirituelle.

Dans diverses sociétés de tradition orale d'Amazonie, par exemple, le rituel impartit à l'homme-prêtre de remplir ses poumons de fumée et de la transmettre aux membres de la communauté (parfois au moyen de hochets-calebasses qui servent de tabernacles[56]). Le prêtre capte l'Esprit au nom de la communauté entière rassemblée par le sacrifice, puis le redistribue sous la forme de paroles sacrées. La réciprocité met en jeu les activités de la vie. Le corps est souffrance du sacrifice. Mais c'est aussi en lui que se produit le fruit de la métamorphose, la joie de la révélation. Il n'est pas seulement mortifié pour que s'engendre l'Esprit, il est éclairé par lui et devient un signifiant, le signifiant premier de l'*être parlant*.

Le corps est transfiguré par la *révélation*. Et très tôt, les hommes soulignent sur leur corps les traits de la vie spirituelle : la parure. La parure séparée devient masque du spirituel pur. La parure est le visage de gloire de l'humanité naissante et déjà une première parole.

Mais la réciprocité n'est pas seulement la matrice de la conscience affective, elle est aussi la matrice des consciences objectives, et la parole nommera chacune de ces consciences à son tour.

La réciprocité binaire et le miroir de l'Autre

La conscience humaine est conscience d'elle-même et donc pour chacun conscience de son humanité, mais elle est simultanément pour soi celle de l'autre puisqu'elle naît de la confrontation des consciences élémentaires de l'un et de l'autre. Un tel avènement, que nous avons appelé *révélation*, nul ne l'éprouve avant la rencontre d'autrui.

[56] Melià & Temple, *op. cit.*

Puisqu'il naît entre l'un et l'autre, il n'appartient à personne et il est reçu comme une pure grâce.

Cette révélation anime l'homme comme le rayon de soleil le réchauffe ou comme la pluie féconde la terre. Néanmoins, elle trouve immédiatement un « visage » dans les traits du vis-à-vis. Chacun est pour l'autre le miroir de son avènement. Dans le regard de l'autre se voit en effet un sentiment que l'on éprouve soi-même, mais qui pour être commun à soi et l'autre se nommera de la même façon pour l'un et l'autre. Ainsi, par la réciprocité, l'autre n'est pas seulement le médiateur du sentiment de l'humanité, il est le miroir de la révélation. Dès qu'elle trouve un visage pour l'accueillir et la transmettre, l'affectivité de la révélation se transforme en amitié.

Mais la rencontre de l'autre dans le face-à-face singulier n'est pas la seule relation interactive qui puisse être le siège de la révélation. Chacun peut confronter son individualité à l'identité collective, ou confronter l'identité collective qu'il partage avec ses proches à l'individualité des autres. « Tous pour un, un pour tous », ce face-à-face est le *partage,* comme dans le pacte de sang des guerriers qui vont à la guerre. Aucun centre particulier ne définit l'unité de la communauté suscitée spontanément par la nécessité par exemple de construire la maison des jeunes époux ou d'organiser une grande chasse ou un raid guerrier. La personne la plus compétente du moment devient la référence de tous. Le centre est nomade et éphémère. La communauté n'est pas une totalité homogène mais *Contradictoire* puisque chacun est à même d'opposer sa différence à l'identité collective. Par le *partage* s'engendre une amitié collective dont le visage s'efface en se dispersant sur toute la communauté. L'amitié devient la *confiance.*

Dès les origines, on voit apparaître une autre relation de réciprocité, une réciprocité où chacun est dans une situation intermédiaire entre deux autres, par exemple recevant d'un donateur et donnant à un autre. C'est ce que nous nommerons la *réciprocité ternaire*.

Il faut au moins trois partenaires pour construire cette structure. Pour chaque partenaire, la situation paraît identique à celle de la réciprocité du face-à-face. Les deux perceptions antagonistes de donner et recevoir, pour garder l'exemple de la réciprocité des dons, donnent toujours naissance à une résultante en soi contradictoire, foyer de l'épreuve affective et du sens de donner et recevoir. Mais précédemment, le sentiment venait à l'homme comme d'un ailleurs, il était révélé, l'homme en était le siège puis le porte-parole. Dans la réciprocité ternaire, chaque partenaire se trouve être le siège du Contradictoire sans vis-à-vis, celui-ci étant séparé en deux partenaires distincts et opposés. Son donateur lui apparaît non-contradictoire (exclusivement donateur), son donataire également (puisqu'alors exclusivement donataire). Aucun des deux ne peut jouer le rôle de miroir pour le sentiment né du Contradictoire. Cette fois, la structure de réciprocité oblige la révélation à s'affirmer sans l'immédiate confirmation de la manifestation d'autrui.

La conscience de soi n'est donc pas la même selon la matrice qui lui donne vie. Dans la réciprocité binaire, elle naît de l'interaction entre l'un et l'autre, dans la réciprocité ternaire la conscience humaine apparaît comme un phénomène d'*individuation de l'être*. L'individu est, il est vrai, immergé dans une relation de réciprocité généralisée, mais ce qui est *en soi contradictoire* se noue en lui et non pas simultanément en lui et l'autre car chacun ignore que les autres sont aussi des Tiers Contradictoires entre deux autres. L'être qui en résulte ne peut que s'éprouver dans sa propre manifestation se créant comme *intériorité*. Il n'a pour se reconnaître que l'écho de sa parole. La *parole* lui paraît donc sa propre source.

Cependant, la révélation n'est intériorisée qu'à la condition que chacun soit inclus dans une relation à l'autre qui implique tous les autres. L'individu ne peut déroger aux obligations de donner et recevoir sous peine que les autres ne puissent ni donner ni recevoir et cessent d'être la condition de sa propre conscience de conscience. Aussitôt, la structure qui permet l'individuation disparaîtrait.

L'autoproduction du soi cache au cœur de son intériorité un secret : le secret de la structure généralisée, et qui se manifeste comme le respect de tout autre. Un tel sentiment est celui de la *responsabilité*. Chacun est devenu, grâce à la relation ternaire, responsable de tous.

La réciprocité ternaire et la mort

La Tradition met souvent au premier plan une relation ternaire diachronique entre les vivants, le plus ancien du lignage, et les défunts. En Afrique, un décès est l'occasion de célébrer les noces de la vie et de la mort. L'exposition du défunt, les rites des funérailles, orchestrent ce moment privilégié pour tenter de le prolonger. Chez les Balantes de Guinée Bissau, le plus ancien par l'âge est invité à personnifier la confrontation de la vie et de la mort, et donc de la conscience de conscience qui se traduit par le sentiment de l'existence humaine. Il est dit la *tête*, le siège de la conscience et le gardien de l'éthique. Il est très respecté et jouit de la plus grande autorité. Mais comme c'est la mort qui relativisant la vie le fait accéder à cette conscience suprême, et que la mort est représentée par les défunts, on dit qu'il reçoit la vie spirituelle des Ancêtres[57].

La Tradition souligne aussi le rôle de la réciprocité ternaire dans la filiation. Toute femme, par exemple, pour être encore fille de sa mère alors qu'elle est déjà mère de sa fille, est le siège de consciences biologiques antagonistes, et par conséquent matrice du Contradictoire. De ce fait, les mythes accordent au signifiant maternel un rôle majeur dans la genèse, sans doute parce que ce Contradictoire est lié à la *naissance*. En effet, lorsqu'elle met au monde, la femme traverse souvent la mort pour donner la vie. La Mère est le signifiant que la nature privilégie pour dire non pas l'*origine* de la conscience (ce rôle semble plutôt dévolu aux ancêtres), mais pour dire la *naissance* toujours recommencée dans la spontanéité de la création.

---

[57] Diana Lima Handem, *Nature et fonctionnement du pouvoir chez les Balanta Brassa*, Instituto Nacional de estudos e pesquisa, Guiné Bissau, 1986.

La réciprocité ternaire bilatérale

La structure ternaire peut être unilatérale ou bilatérale. Lorsqu'elle est bilatérale, elle soumet le sentiment de responsabilité à une obligation nouvelle, par exemple celle d'équilibrer les dons qui viennent d'un côté avec les dons qui vont en sens inverse. L'objectif du donateur, dans la structure de réciprocité ternaire unilatérale, est de donner le plus possible, car plus il donne et plus il engendre du *lien social.* Dans la réciprocité ternaire bilatérale, celui qui se trouve entre deux donateurs doit reproduire le don de l'un et celui de l'autre de façon appropriée. Un tel souci est celui de la *justice*.

La réciprocité ternaire centralisée ou redistribution

Mais il est possible aussi qu'un intermédiaire intervienne non seulement entre deux autres mais entre tous les membres d'une même communauté. Dans les sociétés de réciprocité où cette forme ternaire centralisée domine, l'intermédiaire devient à la fois *prêtre* puisque médiateur de l'affectivité commune, *roi* puisque responsable de la redistribution, et *juge* suprême puisque seul à prendre les décisions qui s'imposent à tous. Les compétences des uns et des autres subissent alors d'importantes transformations. Les donateurs n'ont plus de liens directs entre eux mais seulement des liens médiatisés par le centre de redistribution de la communauté.

Le sentiment engendré par une telle relation est la *grâce* « religieuse », c'est-à-dire pour chacun un lien dont l'imaginaire ne lui appartient pas, personne n'étant plus, hormis celui qui joue le rôle de tiers intermédiaire, source de la Parole. Un seul parle pour tous et dit la vérité. De nouvelles valeurs apparaissent… La *confiance* n'est plus nomade ni spontanée, comme dans les sociétés où domine le partage, elle se transforme en l'*obéissance.*

Mais aucune société ne donne la prééminence à une structure de réciprocité de façon exclusive. La centralisation de la *redistribution,* qui pourrait conduire au despotisme, est généralement tempérée par le partage des responsabilités.

*

Sesson Shûkei, *Egret, Moon and Wave*, 16ème siècle,

Honolulu Museum of Art.

Conclusion

Selon notre postulat, l'affectivité est partout, dans l'univers, la « chair du monde ». Elle ne se connaît pas elle-même. Elle se soutient de l'absolu qui la caractérise.

L'affectivité, en effet, est à la fois une et diverse, continue et discontinue, absolue et pourtant composée. Nous éprouvons des sensations qui nous paraissent simples, comme les couleurs ou les sons, le doux ou le solide, et des sentiments éthiques plus complexes. Enfin, nous constatons que toute affectivité disparaît aussitôt née puisque changée immédiatement en une autre, la douleur en plaisir, par exemple, et qu'il ne reste bientôt plus rien qui puisse témoigner de l'une ou de l'autre, mais que chacune peut renaître avec le même niveau d'intensité, la même densité, la même qualité dans d'autres circonstances, comme le bonheur chaque fois que l'on rencontre un être aimé. Elle est absolue mais présente au cœur de tout événement comme Tiers entre son actualisation et la potentialisation de son contraire. Pour nombre de philosophes, elle est un mystère. Ils se demandent où elle se trouve dans l'univers lorsqu'elle n'est pas révélée dans les moments qui lui sont favorables. Si nous nous référons à la *Table des déductions*[58] qui résulte du principe d'antagonisme, nous remarquons qu'elle est partout.

[58] Cf. *supra*, p. 49.

De la même façon, la Conscience naît au milieu de toutes les formes de la nature où l'affectivité se réfléchit sur elle-même. La Conscience apparaît ainsi comme la réciprocité de l'affectivité. Or, on donne le nom d'éternité à ce qui se trouve sans temps et sans espace, et il en est ainsi pour la Conscience comme pour l'affectivité[59].

---

[59] Les artistes et les philosophes ont parlé de l'affectivité comme l'âme du monde, le ciel dans les images antiques auquel rendent leur part tous les corps de la nature lorsqu'ils se défont les uns après les autres, comme sur la houle de la mer les flocons d'écume. Ils ont aussi découvert l'âme végétative, l'affectivité que l'on imagine envelopper le règne végétal en entier, encore que chaque espèce tende à toute force d'échapper aux cycles de la vie pour la vie. Il faut peut-être rappeler ici que l'affectivité est toujours *une* quel que soit le degré de complexité de l'organisation des éléments qui concourent à sa naissance. Ainsi une cellule isolée se soutient de sa forme et aussi de son quotient d'affectivité, mais dès qu'elle entre en relation avec d'autres cellules pour former un organisme, l'affectivité de celui-ci absorbe celle de toutes les parties dont il est la résultante. Du moment qu'il n'y a pas de centre en lequel l'affectivité puisse se concentrer pour se constituer en une dynamique autonome, elle demeure étale et appartient uniment à la biosphère. Les Anciens ont ainsi distingué l'âme végétative de l'âme animale où chaque espèce parvient à l'indépendance grâce au contrôle de son mouvement. Cette indépendance rend capable le vivant de dominer la nature à son profit. L'affectivité qui devient autonome appartient dès lors de façon discontinue à chaque communauté animale circonscrite et relayée par un langage approprié, un langage qui ne nous apparaît pas avoir d'autre sens que celui nécessaire à l'accomplissement du programme génétique de chaque espèce. La science découvre aujourd'hui que les animaux et les plantes ont chacun une conscience affective et un langage dans le domaine qu'explorent leurs facultés. Enfin, l'âme humaine connaît de nouvelles propriétés : le langage qui prend le relais de la différenciation des espèces et crée

En devenant le sujet du *sens* de ce qui se nomme ou se crée par le langage humain, la Conscience ne commande pas seulement l'action mais sa propre réflexion, et devient la conscience éthique qui se différencie selon les diverses structures de réciprocité. L'alliance, la filiation, la redistribution, le partage sont aussitôt le berceau des valeurs humaines. Et lorsque ces structures sociales sont reproduites au-delà des limites de la parenté par le langage, la justice s'ajoute à l'amitié, mais aussi l'individuation du sujet à la liberté.

Avec la « liberté individuelle » apparaît le pouvoir de mettre fin à la genèse de l'Esprit par le meurtre de l'autre et la négation de la réciprocité. D'où vient que l'Esprit puisse se détruire là où il se manifeste souverain, pourquoi serait-il tenté de se suicider ?

Rien n'empêche que la Conscience ne décide sa disparition en choisissant la jouissance qu'elle éprouve lorsqu'elle se complaît dans son identité ou sa différence, les deux aliénations non-contradictoires du Contradictoire. Ces deux possibilités de l'intellect sont inscrites dans la nature au même titre que la joie et la souffrance de l'amour mutuel qui les défie. Mais chacune de ces aliénations peut aussi se relativiser par une actualisation contraire. La mort peut être programmée par la vie comme un moyen pour se dépasser. Cette dialectique a été étudiée dans le cadre de la théologie sous le nom de *contradialectique* par Bernard Morel[60]. Elle n'intéresse pas seulement la conscience religieuse mais aussi la conscience politique.

---

une sphère épigénétique où aucune détermination biologique ne peut enlacer l'affectivité dans sa définition.

[60] Bernard Morel, *Dialectiques du Mystère*, (Préface de Stéphane Lupasco), La Colombe, éd. du Vieux Colombier, 1962.

Mais alors pourquoi l'Esprit se suiciderait-il ? Comment peut-on croire que la volonté de l'Esprit puisse se définir comme la volonté de ne plus être ?

Comme tout être, l'homme tend vers sa perfection. S'il fait aujourd'hui défaut à celle-ci, ce ne peut être et ce n'est pas de son plein gré mais à cause d'une situation où il perd ses repères et son équilibre. La société doit prendre le dessus de cette situation. Elle en a les moyens. Nul ne devrait être contraint de vivre dans un désarroi tel qu'il se sente forcé de se justifier ou de se défendre par le pouvoir ou l'exploitation d'autrui.

Les hommes sont à la croisée des chemins : les uns consentent l'effort nécessaire pour se constituer dans la conscience qui les projette au-delà de ce qui existe pour eux-mêmes, les autres ne peuvent renoncer au pouvoir parce que la joie spirituelle leur coûte trop d'effort. En réalité, devant le vide affectif qui les menace, ils font appel à des affectivités passionnelles ou biologiques. Et la facilité de la jouissance que leur procure le pouvoir devient une tentation irrésistible. Le pouvoir est la protection de l'impuissance. Mais les échéances qui se rapprochent obligeront la dernière génération à récuser les conditions qui ont forcé les précédentes à nier leur humanité. La nature elle-même en décidera ainsi !

Bibliographie

Agamben Giorgio, *La communauté qui vient*, (traduit de l'italien par Marilène Raiola), Paris, Seuil, 1990.

Aristote, *De l'âme,* dans *Œuvres complètes*, (sous la direction de P. Pellegrin), Paris, Flammarion, 2014.

Aristote, « *Éthique à Nicomaque* » , dans *Œuvres complètes,* Paris, Flammarion, 2014.

Aristote, *La Métaphysique,* Paris, Vrin, 1962.

Bohr Niels, *Physique atomique et connaissance humaine*, Paris, Gauthier-Villars, 1972.

Chabal Mireille, « Le nom de la Mère » , *Revue du MAUSS semestrielle*, n° 12, Paris, La Découverte, 1998 ; rééd. dans *Réciprocité et Tiers inclus*, Collection *réciprocité*, n° 2, 2017.

Duby Georges, *Le chevalier, la femme et le prêtre*, Paris, Hachette, 1981.

Dumézyl Georges, *Mythe et Épopée I. II. et III.*, Paris, Gallimard, 1968-1971-1973, rééd. 1995.

Handem Diana Lima, *Nature et fonctionnement du pouvoir chez les Balanta Brassa,* Instituto Nacional de estudos e pesquisa, Guiné Bissau, 1986.

Hegel G. W. F., *Encyclopédie des Sciences philosophiques* [1817], trad. Bernard Bourgeois, Paris, Vrin, 1970.

Hyde Lewis, *The Gift*, New York, Vintage Books, Random House, 1979.

Jean-Paul II, Actes du Saint Siège, l'Osservatore Romano, 25 février 1989, *La documentation Catholique*, n° 1982, 16 avril 1989.

Kant Emmanuel, *Critique de la Raison pure* [1781], trad. Alain Renaut, Paris, Flammarion, 2de éd. 2001.

Lacan Jacques, *L'éthique de la psychanalyse*, Séminaire VII, Paris, Seuil, 1986.

Lévi-Strauss Claude, *Les structures élémentaires de la parenté*, Paris, PUF, 1949, rééd. Mouton, 1967.

Lévi-Strauss Claude, *Paroles données*, Paris, Plon, 1984.

Lévi-Strauss Claude, « Introduction à l'œuvre de Marcel Mauss », *in* M. Mauss, *Sociologie et Anthropologie*, Paris, PUF, (1950), 1991.

Lévi-Strauss Claude, *La vie familiale et sociale des indiens Nambikwara*, Thèse, Paris, Musée de l'Homme, 1948.

Lupasco Stéphane, *Le principe d'antagonisme et la logique de l'énergie : Prolégomènes à une science de la contradiction*, Paris, Coll. « Actualités scientifiques et industrielles », n° 1133, Paris, Hermann, 1951 ; rééd. Coll. « L'esprit et la matière », Monaco, Le Rocher, 1987.

Martínez Gutiérrez Moisés « Afectividad y reciprocidad : aproximación a la obra de Dominique Temple », Universidad Nacional Autónoma de México, *CS*, 23, p. 57-75, Cali, Colombia, Facultad de Derecho y Ciencias Sociales, Universidad Icesi, [en ligne].

Mauss Marcel, « Essai sur le don » (1923-1924), rééd. *Sociologie et Anthropologie*, Paris, PUF (1950), 1991.

Melià Bartomeu & Dominique Temple, *La réciprocité négative. Les Tupinamba*, collection *réciprocité*, n° 5, 2017.

Morel Bernard, *Dialectiques du Mystère*, (Préface de Stéphane Lupasco), La Colombe, éd. du Vieux Colombier, 1962.

Nicolescu Basarab, *Qu'est-ce que la réalité ?*, Canada, Montréal, Liber, 2009.

Platon, « Gorgias », in *Œuvres complètes*, Paris, Flammarion, 2008.

Rawls John, *Théorie de la justice* [1971], trad. par Catherine Audard, Paris, Seuil, 1987.

Rawls John, *Justice et démocratie*, trad. par Catherine Audard, Paris, Seuil, 1993.

Spinoza Baruch, *Éthique,* Paris, Hachette, Coll. « Livre de poche. Classiques de la philosophie », 2011.

Taylor Charles, *Source of the Self : The Making of the Modern Identity*, [1989], trad. par Charlotte Mélançon, *Les sources du Moi. La formation de l'identité moderne*, Paris, Seuil, 1998.

Taylor Charles, *La liberté des modernes*, Essais traduits, choisis et présentés par Philippe de Lara, Paris, PUF, 1997.

Temple Dominique & Mireille Chabal, *La réciprocité et la naissance des valeurs humaines*, Paris, L'Harmattan, 1995.

Temple Dominique, *L'économie politique*, vol. I - *L'économie humaine*, vol. II - *Apologie du marché*, vol. III - *La transition post-capitaliste*, collection *réciprocité*, n° 13, n° 14 et n° 15, 2018.

Temple Dominique, *Commun et réciprocité,* collection *réciprocité*, n° 1, 2017.

Temple Dominique, « *Un nouveau postulat pour la philosophie* », collection *réciprocité*, n° 11, 2018.

Temple Dominique, *Lévistraussique. La réciprocité et l'origine du sens,* 1ère publication dans *Transdisciplines,* Revue d'épistémologie critique et d'anthropologie fondamentale, Paris, L'Harmattan, avril 1997, p. 9-42 ; 2e édition, collection *réciprocité*, n° 6, 2017.

Temple Dominique, *Les deux Paroles,* 1ère publication en espagnol dans *Teoría de la reciprocidad*, vol. 2, La Paz, Tari editores, 2003 ; édition française, collection *réciprocité*, n° 3, 2017.

Temple Dominique, *La dialectique du don*, Paris, Diffusion Inti, 1983, 2de édition La Paz, Hisbol, 1986, rééd. 1995.

Temple Dominique, *La réciprocité de vengeance. Commentaire critique de quelques théories de la vengeance,* 1ère publication en espagnol dans *Teoría de la reciprocidad*, vol. 2, La Paz, Tari plural editores, 2003 ; édition française, collection *réciprocité*, n° 7, 2017.

Temple Dominique, « Le principe d'antagonisme », B*ulletin Interactif* du CIRET, n° 13, mai 1998 ; et dans *Stéphane Lupasco : L'homme et l'œuvre*, Monaco, Éditions du Rocher, 1999.

Temple Dominique, « Raison et naissance de la réciprocité symétrique » (2009), [en ligne].

Temple Dominique, « Les niveaux de réciprocité » (2008), [en ligne].

Winnicott Donald W., [1971], trad. fr. par C. Monod et J.-B. Pontalis, *Jeu et réalité : l'espace potentiel*, Paris, Gallimard, 1975.

Imprimé à la demande par www.lulu.com

Dépôt légal août 2019

Illustration de couverture : Tintoret, *Mercure et les grâces* (1576)

Palais ducal de Venise.

www.ingramcontent.com/pod-product-compliance
Lightning Source LLC
LaVergne TN
LVHW020651100826
845148LV00012B/2438

* 9 7 9 1 0 9 7 5 0 5 1 8 9 *